Easy Cook
食在家常

# 热辣新湘

甘智荣　主编

U0222257

江苏凤凰科学技术出版社

**图书在版编目（CIP）数据**

热辣新湘 / 甘智荣主编 . -- 南京：江苏凤凰科学技术出版社 , 2018.7

ISBN 978-7-5537-6379-8

Ⅰ . ①热… Ⅱ . ①甘… Ⅲ . ①湘菜 – 菜谱 Ⅳ . ① TS972.182.64

中国版本图书馆 CIP 数据核字 (2017) 第 234708 号

**热辣新湘**

| | | |
|---|---|---|
| 主　　　编 | 甘智荣 | |
| 责 任 编 辑 | 葛　昀　刘　尧 | |
| 责 任 监 制 | 曹叶平　方　晨 | |

| | |
|---|---|
| 出 版 发 行 | 江苏凤凰科学技术出版社 |
| 出版社地址 | 南京市湖南路 1 号 A 楼，邮编：210009 |
| 出版社网址 | http://www.pspress.cn |
| 印　　　刷 | 北京旭丰源印刷技术有限公司 |

| | |
|---|---|
| 开　　　本 | 718 mm×1000 mm　1/16 |
| 印　　　张 | 13 |
| 字　　　数 | 177 000 |
| 版　　　次 | 2018 年 7 月第 1 版 |
| 印　　　次 | 2021 年 11 月第 2 次印刷 |

| | |
|---|---|
| 标 准 书 号 | ISBN 978-7-5537-6379-8 |
| 定　　　价 | 39.80 元 |

图书如有印装质量问题，可随时向我社出版科调换。

# 舌尖上的热辣

提及湘菜，人们总会不由自主地想起街头巷尾鳞次栉比的湘菜馆子，那里似乎一天到晚都飘着辣椒的香味。每至饭时，店门口排队等位的区域总是人头攒动，食客们三五成群地坐在一起，吃着服务生送上来的水果、零食，气定神闲地等待着进场就餐，餐罢再心满意足地各自散去。

湘菜能够在餐饮竞争激烈的大城市占据一席之地，主要是因为湘菜注重营养与搭配，菜品油重色浓、滋味十足；在备料充分的前提下，烹制起来也格外快速、顺手。

湖南人杰地灵、物产丰富，是尽人皆知的"鱼米之乡"。湘菜的风味特征中最显著的便是"辣"和"酸"。不同于川菜所讲究的麻辣干香，湘菜中的麻味没有那么突出，但辣味来得更直接、更炽烈。与此同时，湘菜的辣中也藏着酸，当酸味与辣味相结合，酸中带辣，辣中透酸，既能适当减轻辣的口感刺激，又爽口开胃。一辣一酸，完美诠释了湖南人在烹饪调味上的精深功夫，以及他们对生活的热爱、对口味的执着。

湘菜烹饪所选用的食材多数出自本地，飞禽、走兽、水产、蔬果都是入馔的上上之选。除了食材品种上的多元化以外，配料上的选择与变化更是让人眼花缭乱。一道菜肴往往要由若干主、辅料以及一大堆调料烹制而成，多种滋味、香气互相渗透。其中的浏阳豆豉、玉和醋、茶陵紫皮蒜、永丰辣酱、湘潭酱油等本地调料都是厨房美味的秘诀，此外，还有湖南人引以为傲的腊肉、卤味等。

本书将为你介绍众多湘菜的烹饪方法，涉及素菜类、肉菜类、禽蛋类、水产海鲜类共四大类食材，结合大量的烹饪演示实图和步骤讲解教你如何烹饪，并获得极佳的滋味与口感。同时书中也收入了有关湘菜文化、营养特色、调味风格、特色美食与调料的知识，以及一些烹饪技巧、妙招和养生常识，让你能够在阅读中收获更多的趣味知识。择一口湘菜，酷辣中混杂着一种浓郁的咸香味，它仿佛具有一瞬间将你的味蕾点燃的魔力，就像是一个天性率真、个性泼辣、风情万种的女子，周身散发着迷人的气息，让你在不知不觉中就会爱上她。

# 阅读导航

### 菜式名称

每一道菜式都有着它的名字，我们将菜式名称放置在这里，以便于你在阅读时一眼就找到它。

### 辅助信息

这里标记着这道菜的烹饪时间、口味、营养功效及适用人群。

## 凉拌红菜薹

🕐 6分钟　　❎ 促进食欲
🌶 辣　　　　⊙ 一般人群

红菜薹是产于湖南、湖北的一种蔬菜，早在唐代就已名扬天下，还被皇帝封为"金殿玉菜"，与武昌鱼齐名。红菜薹是冬季的美味，民间有"梅兰竹菊经霜翠，不及菜薹雪后娇"的说法。不管是清炒，还是凉拌，都能将红菜薹经霜打后鲜甜、脆嫩的原始美味发挥到极致。在冬季餐桌上，这道清新的菜肴吃起来香辣可口，可称菜中尤物。

### 美食简介

没有故事的菜是不完整的，我们将这道菜的所选食材、产地、调味、历史、地理等留在这里，并用最真实的文字和体验告诉你这道菜的魅力所在。

| 材料 | | 调料 | |
|---|---|---|---|
| 红菜薹 | 450克 | 盐 | 3克 |
| 蒜末 | 25克 | 味精 | 2克 |
| 朝天椒圈 | 25克 | 白糖 | 1克 |
| | | 辣椒油 | 适量 |
| | | 芝麻油 | 适量 |
| | | 食用油 | 适量 |

### 材料与调料

在这里你能查找到烹制这道菜所需的所有配料名称、用量以及它们最初的样子。

### 菜品实图

这里将如实地为你呈现一道菜烹制完成后的最终样子，菜的样式是否悦目，是否会勾起你的食欲。此外，你也可以通过对照菜品图片来检验自己动手烹制的菜品是否符合规范和要求。

## 步骤演示

你将看到烹制整道菜的全程实图及具体操作每一步的文字要点，它将引导你将最初的食材烹制成美味的食物，完整无遗漏，文字讲解更实用、更简练。

### 食材处理

❶ 把洗净的红菜薹的菜梗切开。

❷ 将红菜薹切成小段。

### 做法演示

❶ 锅中注水烧开，加入盐、味精、食用油拌匀。

❷ 放入红菜薹。

❸ 焯至熟，捞出沥水。

❹ 将焯过水的红菜薹放入碗中。

❺ 倒入蒜末和朝天椒圈。

❻ 放入盐、味精、白糖、辣椒油调味。

❼ 淋上芝麻油。

❽ 搅拌均匀。

❾ 装盘即成。

### 小贴士

◎ 粗的菜薹梗要去皮，对切成两半，这样在焯水的时候，成熟度会一致。

---

### 食物相宜

**促进新陈代谢**

红菜薹

**+**

豆皮

**通便排毒**

红菜薹

**+**

芹菜

---

### 养生常识

★ 大雪后抽薹长出的花茎，色泽最红、水分最足、脆性最好、口感最佳。

★ 红菜薹色泽艳丽，质地脆嫩，富含有多种营养成分，维生素含量比大白菜、小白菜都高，为佐餐之佳品。

---

## 食物相宜

结合实图为你列举这道菜中的某些食材与其他哪些食材搭配效果更好，以及它们搭配所能达到的营养功效。

## 小贴士 & 养生常识

在烹制菜肴的过程中，一些烹饪上的技术要点能帮助你一次就上手，一气呵成零失败，细数烹饪实战小窍门，绝不留私。了解必要的饮食养生常识，也能让你的饮食生活更合理、更健康。

# 第1章
# 湘菜个性

# Contents |目录

# 第 2 章
# 素菜类

# 第 3 章
# 肉菜类

# 第4章
# 禽蛋类

# 第 5 章
## 水产海鲜类

# 附录

# 第 **1** 章

## 湘菜个性

　　在中国，湖南是一片人杰地灵的热土，更是声名远播的"鱼米之乡"。湖南人爱吃、会吃，在烹饪技巧上更是有着独到之处。湘菜制作精细、用料广泛、油重色浓、讲究营养，在口味上注重香鲜、酸辣、软嫩、咸鲜。下面我们将为你揭开湘菜的神秘面纱，一同见证湘菜的瑰丽与诱惑。

# 湘菜文化

如今走在人头攒动的街头，随处可见门庭若市的湘菜馆子，那来自潇湘两岸的风味早已悄悄攻占了许多城市，成为食客们的心头至爱。

湘是湖南省的简称，美丽的湘江贯通全省、蜿蜒北进，汇入洞庭湖。湖南物产丰富、人杰地灵，《汉书·地理志》中记载"有江汉川泽山林之饶；江南地广，或火耕水耨，民食鱼稻，以渔猎山伐为业，果蓏蠃蛤，食物常足"。富饶的土地孕育了丰富的文化，也为湘菜的蓬勃发展提供了取之不竭的食材。湘菜制作精细、用料广泛、油重色浓、注重口味、讲究营养，在口味上注重香鲜、酸辣、软嫩、咸鲜；在操作上讲究原料的入味，主味突出。漫长岁月的磨砺与代代湘人的口手传承，让湘菜的烹调技艺渐趋成熟、完善，集众家之所长，形成独具一格的风貌。

## 湘菜的食材

湖南地处长江中游南部，气候温和，雨量充沛，土质肥沃，物产丰富，素有"鱼米之乡"的美誉。优越的自然条件和富饶的物产资源，为千姿百态的湘菜在选料方面提供了源源不断的物质供应。举凡空中的飞禽、地上的走兽、水中的游鱼、山间的野味，都是入馔的佳选。至于各类瓜果、时令蔬菜和各地的土特产，更是取之不尽、用之不竭的饮食资源。

湘菜下分三种分支风味，其中以长沙、衡阳、湘潭为中心的湘江流域讲究精工巧做，菜品色香味形俱佳；以常德、岳阳为中心的洞庭湖区尤擅河鲜水禽；湘西走廊又以湘西、湘北地区的民族风味菜为主，山珍野味居多。

湘菜注重选料，食材的选择上也更偏重本地物产。植物性原料，选用生脆不干缩、表面光亮滑润、色泽鲜艳、菜质细嫩、水分充足的蔬菜，以及色泽鲜艳、壮硕、无瑕、气味清香的瓜果等。动物性原料，除了注意新鲜、宰杀前活泼、肥壮等因素外，还讲求熟悉各种肉类的不同部位，进行分档取料；根据肉质的老嫩程度和不同的烹调要求，做到物尽其用。例如炒鸡丁、鸡片，用嫩鸡；煮汤，选用老母鸡；卤酱牛肉选牛腱子肉，而炒、熘牛肉片、丝则选用牛里脊。

- 湖南境内群山环绕、水网密布，物产丰富，历史人文底蕴深厚。湘西地区凤凰古城所产的腊肉、酸萝卜都是极具特色的地方风味。

## 湘菜的原料

湘菜的品种丰富多元，与原料制作的精巧细致和变化无穷有着密切的关系。一道菜肴往往由几种乃至十几种原料配成，一席菜肴所用的原料就更多了。湘菜的原料搭配一般从数量、口味、质地、造型、颜色五个因素考虑。常见的搭配方法包括以下几种。

**叠：** 用几种不同颜色的原料，加工成片状或蓉状，再互相间隔叠成色彩相间的厚片。

**扎：** 把加工成条状或片状的原料，用黄花菜、海带、青笋干等捆扎成一束一束的形状。

**排：** 利用原料本身的色彩和形状，排成各种图案等方法，都能产生良好的搭配效果。

**穿：** 选用适当的原料穿在某种原料的空隙处。

**卷：** 将带有韧性的原料加工成较大的片，片中加入用其他原料制成的末、条、丝、末等，然后卷起。

## 湘菜的调料

湘菜的调料很多，常用的有白糖、醋、辣椒、胡椒、香油、酱油、料酒、味精、果酱、蒜、葱、姜、桂皮、大料、花椒、五香粉等。众多的调料经过精心调配可形成多种多样的风味。湘菜历来重视利用调味使原料互相搭配，滋味互相渗透，交汇融合，以达到去除异味、增加美味、丰富口味的目的。

湘菜调味时会根据不同季节和不同原料区别对待，灵活运用。夏季炎热，宜食用清淡爽口的菜肴；冬季寒冷，宜食用浓腻肥美的菜肴。烹制新鲜的鱼虾、肉类，调味时不宜太咸、太甜、太辣或太酸。这些食材本身都很鲜美，若调味不当，会将原有的鲜味盖住，产生喧宾夺主的反作用。再如，鱼、虾有腥味，牛、羊肉有膻味，应加糖、料酒、葱、姜之类的调料去腥膻。对本身没有显著味道的食材，如鱼翅、燕窝等，调味时需要酌加鲜汤，补其鲜味不足。这就是常说的"有味者使之出味，无味者使之入味"。

# 湘菜的营养特色

湘菜品种繁多，门类齐全，既有乡土风味的民间菜式、经济方便的大众菜式，也有讲究实惠的筵席菜式。下面将为大家介绍湘菜的营养特色。

## 荤素搭配、药食搭配

湘菜讲求荤素搭配、药食搭配。湘菜食谱除一般的蔬菜外，还配有豆豉炒辣椒、剁辣椒之类的开胃菜。一道菜中也尽可能荤素搭配。药食搭配即用某些中药材与食材互相搭配，共同烹饪。畜肉、禽肉类和水产品均含有丰富的营养成分，和中草药合理搭配，就能起到滋补身体和预防疾病的作用。

● 剁椒是一种出自湖南的特色食材，它以鲜辣椒、蒜、盐等原料制成，咸鲜辣，可以直接食用，也可以在做菜时作为调料使用。

## 豆类菜肴丰富

湘菜中的豆类及豆制品菜肴丰富多样。湘菜中的豆类菜通常都很鲜嫩，所含蛋白质、矿物质、维生素及膳食纤维均较丰富，营养价值高。用某些豆类制成品（如豆芽）入菜亦为湘菜的特色之一。

● 豆芽富含多种维生素，是物美价廉的"百搭"食材，在湘菜中经常可以看到豆芽的影子。湖南人也喜欢在炒菜时撒上一把豆芽，吃起来口感清爽、格外脆嫩。

## 注重酸碱平衡

湘菜很注重食物的酸碱平衡。例如，肉类属酸性食物，烹调时就会加入一些碱性食品，如青椒、红椒、豆制品、菌类等；醋是弱碱性食品，能促进人体的消化吸收，加入红烧鱼、红烧排骨之类的菜肴中，可使原料中的钙游离出来而便于人体吸收，也使菜肴的口感更佳。

豆腐是碱性食物。

鱼是酸性食物。

● 湘菜中将鱼与豆腐共同烹饪，不仅有调节酸碱的作用，而且更利于人体对钙和蛋白质的吸收。

## 鱼类菜肴丰富

湖南是"鱼米之乡"，因此湘菜中鱼类菜肴所占比例很大。与畜肉和禽肉相比，鱼类含有丰富的蛋白质，而脂肪的含量却很低，而且脂肪主要是由不饱和脂肪酸组成的，还含有丰富的钙、磷、铁、锌、硒等多种矿物质，以及多种脂溶性和水溶性维生素，因此具有极高的营养价值。

● 湘鱼味美，远近闻名，湖南人吃鱼除了强调本味之外，也讲究分段烹制。在民间就有"鳙鱼头鲤鱼尾，鲢鱼肚皮草鱼嘴，青鱼中段肉最美"的说法。

## 发酵食品丰富

湖南人大多嗜食发酵食品，如臭豆腐、腐乳、豆豉、腊八豆、酸菜、泡菜等。一般情况下，食物经过发酵后更便于人体吸收营养成分，经发酵的豆类或豆制品，B族维生素含量明显增加。酸菜和泡菜含大量乳酸和乳酸菌，能抑制病菌的生长繁殖，增强消化能力、防止便秘，使消化道功能保持良好的状态，还有防癌作用。当然，酸菜、泡菜中也含有亚硝酸盐等不利于人体的物质，不可多食。

● 湖南的油炸臭豆腐是当地一大特色，其色黑如墨，入口具有鲜、香、辣的特点，外皮酥脆，内软味香，闻起来臭，吃起来却鲜香异常。

## 保护食物营养

湘菜在烹调过程中很注意保护食物的营养。任何食物在加热烹制过程中必然会损失不少营养物质，湘菜特别注意在烹调中保护菜肴的营养，凡能生吃的尽量生吃，能低温处理的绝不高温处理。此外，用淀粉类上浆、挂糊、勾芡，不仅能改善菜肴的口感，还可保持食材中的水分、水溶性营养成分的浓度，使原料内部受热均匀而不直接和高温油接触，蛋白质不会过度变性，维生素也可少受高温的分解破坏，更降低了营养物质与空气接触而被氧化的程度。

● 在切好的原料下锅之前，给其表面挂上一层浆或糊之类的保护膜，这一处理过程叫上浆或挂糊（稀者为浆，稠者为糊）。

● 勾芡是在菜肴接近成熟时，将调好的淀粉汁淋入锅内，使汤汁稠浓，增加汤汁对原料的附着力，从而使菜肴汤汁的粉性和浓度增加，改善菜肴的色泽和味道。

# 新湘菜六味

湘菜的菜式种类繁多、形式多变，技艺上以蒸、煨、煎、炒、烧、腊见长，口味上有酸、辣、麻、焦、香的特征，非常注重原汁原味以及多种味道的相互调和。吃在嘴里的美味，或香郁，或鲜浓，或脆嫩，让人食欲大开。人们将湘菜的风格特色归结为"酸辣香浓、熏腊味厚、质嫩色亮"，而近年提出的新湘菜六味更是全方位展示了湘菜的别样精彩，超凡脱俗，如同一个绝色的女子，亦刚亦柔，令无数人拜倒在其石榴裙下。

## 料特，有味

湖南有着极为丰富的动植物资源，这让其在烹饪食材的选取上得天独厚、占尽先机。湘菜的选料以本地物产为主，禽、畜、鸟、兽、鱼、鳖、虾、蟹、海味、蛋奶菌藻、瓜果蔬菜、稻谷杂粮等无所不包。"干菜三绝"腊肉、火焙鱼、萝卜干，干香诱人，百吃不厌，是湖南人的骄傲；"洞庭五鲜"甲鱼、银鱼、鳜鱼、鲥鱼、小龙虾，鲜香味美，在餐桌上多次赢得国际友人的赞誉；浏阳大围山的冬笋、平江的冬苋菜、汉寿的白臂藕以及大街小巷叫卖的红菜薹、韭菜，随便哪一个都是天赐的美味。当人们惊羡于五花八门的食材时，手脚利落的湘菜厨师早已将它们分门别类善加利用——洞庭湖区的"原汁武陵甲鱼""柴把鳜鱼"，益阳的"冬笋腊肉"，湘西、郴州地区的山珍野味，食味的调和与创新将美食文化带入一个更高的境界。

● 湘菜的用料广泛，烹饪上讲究因材选火、因材施艺，强调原味和入味，蒸、烧、熘、煨等技法多样。

## 艺巧，活味

湘菜烹饪注重形美，精湛的刀工让人叹为观止。"发丝牛百叶"细若银丝，"熘牛里脊"片如薄纸，"菊花鱿鱼"形神兼备……炉火纯青的刀工让菜式百变多样，同时也顾及了烹饪调味的需要，如"红煨八宝鸡"将整鸡剥皮，盛水不漏，造型完整，入口鲜嫩酥润，让人吃罢啧啧称奇。

湘菜在烹饪调味上强调原汁原味，同时兼顾主味的突出，这一点在以盐调味、小火慢煨的"煨"菜上表现得尤为明显，"组庵鱼翅"即是煨菜中的经典。此外，高汤急烫速成的"爆"，断生入味粘锅即出的"炒"，先大火断生、再慢火慢炖的"炖"，火力的掌控与调味的精细赋予了湘菜引以为傲的表现。

● 一些湖南特产的调味料，如辣椒、蒜、豆豉、酱油等也为湘菜鲜浓的风味增色不少。

## 香醇，开味

湘菜在调味上始终坚持突出食材的本味，并让食客获得最纯正的味觉体验。人们在确定食材后，常常会根据食材来决定烹饪、调味策略，力争突显出其最自然的味道。或者另辟蹊径，或让无味的食材充分入味，或让食材与辅料、调料多味调和而产生复合味，以食为主，以调为辅，富于变化，进而达到最佳的调味效果，在简单饮食与享受美味之间巧妙地找到一个结合点，让吃上升到艺术的层面。

湘菜烹饪时可选用的调料多达几十种，人们可以根据菜式质量要求或个人口味来安排最合适的调味组合。对于一道菜来说，即便是最平凡、最容易被忽略的调料有时也能起到定海神针、画龙点睛的作用。湘潭的龙牌酱油、浏阳的豆豉让菜的味道酱香纯正、香气宜人。

● 最常见的辣味呈现，就有干辣椒、鲜辣椒、辣椒粉、辣椒油、花椒等多种调料，搭配组合就能形成微辣、鲜辣、香辣、酸辣、油辣、麻辣、脆辣、糊辣等不同风味倾向，多变的辣味与香气让每一道菜都独具风格。

## 色靓，赋味

湘菜讲究食材的搭配，强调"先色夺人"，各种食材的计量、品质、色彩、形状、口感、风味都颇费心思。清者配清，浓者配浓，柔者配柔，刚者配刚，各种菜式都力求食材间的最佳口感与调味搭配。在配色上，青、红、黄、白、黑等多种组合和谐自然，浓重而艳丽，诱人垂涎。加上荤素搭配合理，从而产生缤纷的视觉效果、互补的口感、均衡的营养。

## 名雅，韵味

湘菜的命名极富情趣和韵味，烹饪原料、烹饪方式、地方风俗、寄意抒情、人名典故等都能成为菜式命名的关键，质朴典雅、奇巧脱俗，令人印象深刻。

质朴之雅，如炒三冬（冬笋、冬菇、冬苋菜）、竹筒排骨等，见名知意、朴实无华；意趣之雅，如珍珠肉丸、绣球海参、子龙脱袍等，以拟物、寄意的方式描述分外形象，给人以高雅的情趣；奇巧之雅，如九味牛百叶、降龙十八掌，以巧妙的数字及隐含的食材特征命名，让人浮想联翩；传承之雅，如左宗棠鸡、组庵豆腐，以过去的知名菜式、人名或历史典故命名，具有一定的文化底蕴、历史沉淀，让人获得文化的洗礼与心灵上的慰藉。

## 器绝，出味

食物的盛器自古以来就极受人们的重视，美食配美器，当两者和谐统一、交相辉映时，视觉、嗅觉与味觉上的满足感自然可以带给人极大的享受。湘菜非常重视这一点，在盛器的材质选择、造型、搭配上也是煞费苦心。铜官的陶、醴陵的瓷、益阳的竹器、湘西的生铁吊锅，甚至还有清香素净的荷叶、精心雕琢的蔬果，都可以成为盛装美食的器具。杯、盘、碟、碗、钵等造型各异，巧夺天工，或精致，或典雅，或古朴，或自然，为菜色增添了几分情趣与品味。

● 在"南竹之乡"益阳，人们以笋为食，以竹为伴，独具特色的竹筒饭将食物填入竹筒中蒸食，饭菜的香味中夹杂着竹子的清香，滋味鲜美。

# 湘菜烹饪方法

湘菜能够风靡海内外，与它的制作方法有密切关系。下面，我们来介绍几种常见的烹饪方法。

## 炖

炖的基本方法是将原料经过炸、煎、煸或水煮等熟处理方法制成半成品，放入陶制容器内，加入冷水，用大火烧开，随即转小火，去浮沫，放入葱、姜、料酒，长时间加热至软烂出锅。炖有不隔水炖和隔水炖。不隔水炖，是将原料放入陶制容器后，加调料和水，加盖煮；隔水炖法是将原料放入瓷质或陶制的钵内，加调料与汤汁，用纸封口，放入水锅内，盖紧锅盖煮。湘菜中有玉米炖排骨、清炖土鸡等。

## 焖

焖是将经过油煎、煸炒或焯水的原料，加汤水及调料后密盖，用大火烧开，再用中小火较长时间烧煮，至原料酥烂而成菜。焖菜要将锅盖严，以保持锅内恒温，促使原料酥烂，即所谓"千滚不抵一焖"。添汤要一次成，不要中途添加汤水。焖菜时最好要随时晃锅，以免原料粘底；还要注意保持原料的形态完整，不碎不裂，汁浓味厚，酥烂鲜醇。湘菜的焖制，主要取料于本地的水产与禽类，具有浓厚的乡土风味。用焖法烹制的湘菜有黄焖鳝鱼、油焖冬笋、醋焖鸭等。

## 蒸

蒸是以蒸汽为加热介质的烹调方法，通过蒸汽把食物蒸熟。将半成品或生料装于盛器，加好调料，汤汁或清水上蒸笼蒸熟即成。所使用的火候随原料的性质和烹调要求而有所不同。一般来说，只需蒸熟不需蒸烂的菜应使用大火，在水煮沸后上笼速蒸，断生即可出笼，以保持鲜嫩。对一些经过细致加工的花色菜，则需要用中火徐徐蒸制。蒸菜的特点是能使原料的营养成分流失较少，菜的味道鲜美。如今，"剁椒蒸鱼头"已成为湘菜的代表菜，火遍全国。

## 烩

　　烩指将原料油炸或者煮熟后改刀，放入锅内加辅料、调料、高汤烩制的方法。具体做法是将原料投入锅中略炒，或在滚油中过油，或在沸水中略烫之后，放在锅内加水或浓肉汤，再加调料，用大火煮片刻，然后加入芡汁拌匀至熟。这种方法多用于烹制鱼虾、肉丝和肉片，如烩鱼块、肉丝、鸡丝、虾仁之类。

## 炸

　　炸是以食用油在大火上加热，使原料成熟的烹调方法。可用于整只原料（如整鸡等），也可用于轻加工成型的小型原料（如丁、片等）。炸可分为清炸、干炸、软炸、酥炸、卷包炸和特殊炸等，成品酥、脆、松、香。

## 焯

　　焯就是将初步加工的原料放在开水锅中加热至半熟或全熟，取出以备进一步烹调或调味。它是烹调中特别是冷拌菜不可缺少的一道工序，对菜肴的色、香、味起着关键作用。

## 涮

　　用火锅把水烧沸，把主料切成薄片，放入火锅涮片刻，变色刚熟即夹出，蘸上调好的调味汁食用，边涮边吃，这种特殊的烹调方法叫涮。涮的特点是能使主料鲜嫩，汤味鲜美，一般由食用者根据自己的口味，掌握涮的时间和调味。主料的好坏、片形的厚薄、火锅的大小、火力的大小、调味的调料，都对涮菜起到重要作用。

## 煨

　　煨是将加工处理的原料先用开水焯烫，放砂锅中加足汤水和调料，用大火烧开，撇去浮沫后加盖，改用小火长时间加热，直至汤汁黏稠、原料完全松软成菜的技法。

## 氽

　　氽用来烹制大火速成的汤菜。选娇嫩的原料，切成小型片、丝或剁蓉做成丸子，在含有鲜味的沸汤中氽熟。也可将原料在沸水中烫熟，装入汤碗内，随即浇上滚开的鲜汤。

# 湘菜的调味风格：酸辣

提及湘菜的调味风格，人们通常第一反应就是辣。在中国美食的风味版图上，辣是西南地区菜肴整齐划一的标准主味，但各地之间又略有差别，四川的辣偏麻，贵州的辣更香，云南的辣中透着鲜，而湖南的辣中藏着酸。

湖南人对辣的偏爱比同样嗜辣闻名全国的四川人不遑多让，这与湖南的地理位置、气候条件有关。湖南自古以来便被称作"卑湿之地"，大部分地区地势较低，山水纵横，气候温暖而潮湿，盛产辣椒、蒜、姜等辛辣之物。吃辣有助于驱除人体内的寒湿之气，增进食欲，湖南人嗜辣的饮食习惯也是出于一种健康、养生的自然选择。

- 在湖南湘西地区，家家户户都有腌制酸萝卜的传统，其便于保存和携带，吃起来酸中有甜，越嚼越香，配以辣椒是开胃下饭的极品。

- 湘菜烹饪辣椒的运用要做到"盖味而不抢味"，其他食材、辅料、调料都能从辣味中透溢出来，互不遮掩，恰如其分。

除了辣味以外，湘菜中另一大特色味道就是与辣形影不离的酸，它们共同构成了湘菜的基本味。湖南人嗜酸也有着悠久的历史，早在先秦时期荆湘人嗜酸的饮食传统即已蔚然成风。这种酸爽的滋味不能简单归结于醋，它比醋的味道更醇厚柔和，酸而不酷。当酸味与辣味相结合，酸中带辣，辣中透酸，既能适当减轻辣的口感刺激，又爽口开胃，且不失祛除风寒的养生效果，是聪慧的湖南人对抗潮湿环境的绝佳搭配。此外，旧时山区交通不便、商贸不发达，湖南周边相对闭塞的山区视盐为宝。人们大量腌制酸菜在淡季时以酸代盐，帮助下饭，也是出于平民百姓保障日常饮食生活的考虑。直到今天，腌制和嗜食酸菜仍是湖南人生活中不可或缺的一部分，西南山区民间还有"三天不吃酸，走路打倒窜"的说法。

湖南人爱吃辣椒，更擅用辣椒。人们常常借助不同特点的辣椒来帮助调味增香，在一道道色彩艳丽、鲜香浓郁的美食中可以非常容易地找到辣椒的影子。湘菜厨师对酸与辣的口味有着精深的理解，他们能根据季节、原料、菜式加以精确地控制，酸与辣层次分明、恰到好处。以酸掩辣，以辣融酸，辛而不烈，两者相辅相成，构成湘菜一道靓丽的风景。

# 风味一绝：湖南烟熏腊味

中国人讲究入乡随俗。行至湖南，一定要尝尝当地的"干菜三绝"——腊肉、火焙鱼、萝卜干，这三种地道的美味中首选便是腊肉。湖南人制作烟熏腊味非常讲究，先取新鲜肉类加盐腌制，再以炉灶冷烟慢熏，成品肥而不腻、瘦而不柴，熏香撩人，适宜久藏。

● 切一小盘腊肉片，白如凝脂的肥肉与柔韧红亮的瘦肉交叠在一起，红白分明，搭配金黄甜脆的萝卜干同炒，腊香味美，是一道经典的湘味菜式。

湖南气候温暖湿润，空气湿度大，不利于新鲜食材的保鲜与储藏。在旧时相对落后的自然经济条件下，商贸往来极不便利，山乡平民的日常食物多依靠自给自足，人们只有在过年时才集中宰杀禽畜。大量的新鲜肉类要迅速进行分类、处理，以便于储藏和随时取用。大型的肉类往往要仔细分割成若干小块，加以烟熏制成腊肉，能吃上很长一段时间。

## 腊肉的简易加工处理方法：

❶ 将宰杀好的禽畜、鱼虾清洗干净，沥干水分，切块整形，抹上粗盐加以腌渍。

❷ 密封、低温腌渍若干天后（通常3天即可入味，但有腌渍时间越长越香的说法），将腌好的肉取出挂在阴凉处自然风干。

❸ 最后以炉灶余热冷烟熏制而成，肉熏得愈久，其味愈美。

## TIPS：

腊肉之所以带有"腊"字，一是因为其本身是一种相对较为干爽的肉食；二是其制作时间往往被安排在农历腊月。此时年关将近，气温较低，空气的湿度也不大，腌熏肉食的过程中不易腐败，在这个时间段集中加工、熏制腊肉更有利于保证成品耐储藏、不易变质。

湘西山区多产野味山珍，各家各户都有制作各种烟熏腊味的传统。人们运用蒸、炒、炸、炖、煨等烹饪技巧将这些腊味制成鲜香味厚、风味独特的菜品，极具地方特色与民族风情。其中声名远播的便有名菜"腊味合蒸"。顾名思义，这道菜就是将多种腊味肉食汇集在一起加以蒸制。菜肴中所配用的腊味除了不可或缺的传统腊猪肉以外，还有腊鸡、腊鸭、腊鱼等。

● 腊味合蒸浓郁的腊味香气更盛，菜色红润，咸甜适口，柔韧不腻，是湖南人宴请宾客的传统风味名菜。

洞庭湖区盛产野鸭，腊味野鸭自然是当地独有的招牌特色菜。人们将熏腊好的野鸭去骨切成条块，加以水芹、姜、盐、芝麻油等辅助调味，肥美的鸭肉肉质鲜美，浓香扑鼻，嚼起来柔软而有韧劲儿，丝丝入味。

# 湘中小荤：火焙鱼

　　湖南依山傍水，地理位置绝佳，丰富的物产除了为人们提供大量山珍野味外，多种多样的水禽鱼虾也是让人目不暇接。来到湖南，平江火焙鱼是很多人必吃的一种美食。

　　平江县隶属于湖南省岳阳市，是湘楚文化的源头之一。那里山势起伏、溪流密布，广阔的水系环境中随处可见这种寸把长、指尖粗的"肉嫩子鱼"。这种鱼似乎永远也长不大，肉多刺少，野外分布极多，是当地人独享的美味食材。人们在烧热的铁锅中涂上一层茶油，将鲜活小鱼放入，鱼儿受热翻滚跳跃，茶油自然沾满全身，再以小火慢焙至金黄油亮，吃起来皮酥肉嫩、鲜香诱人。

● 制作火焙鱼的食材在当地被称作"肉嫩子鱼"，多为江河塘库里野生，只有小手指般长短粗细，肉质细嫩，味道鲜美。

## 火焙鱼简易做法：

❶ 鱼去鳞、内脏洗净，沥干水分，以盐、料酒腌渍 30 分钟。

❷ 锅中放少许茶油，放入鱼以小火慢焙至两面金黄后盛出，备用。

❸ 另起锅放油，以葱、姜煸香，放入鱼，加少许酱油、辣椒粉、胡椒粉翻匀提味即可。

## TIPS：

　　煎焙鱼时的油不要放太多，以鱼不粘锅为度；小火慢焙，同时注意观察鱼的熟化程度，等一面煎至色泽金黄后再翻转煎另一面，尽量不要勤翻，以免鱼肉变碎，影响美观。

　　火焙鱼除了选料极具特色以外，烹制时火候的掌控也颇见功力。因为鱼小肉嫩，非常易粘锅，所以需要将火力控到特别小，厨师也要注意细心观察，随时准备将鱼身小心翻转摊煎，以助鱼受热均匀，不粘不烂，不焦不枯。暗红的炉火，蒸腾的热气，伴随着"滋滋滋"的诱人之音，浓浓的鱼香悠悠飘散，诱惑十足。

● 最地道的火焙鱼要兼具活鱼的鲜、干鱼的爽、咸鱼的味，三者缺一不可，下饭或者下酒都是极佳的选择。

　　火焙鱼也繁生出许多其他菜式，如酸脆火焙鱼、火焙鱼煨油豆腐等，都是老少皆宜、人见人爱的特色美味。平江人取烹制好的火焙鱼放入热锅中略翻炒，加半锅水烧汤，再放入金黄油润、皮薄心空的油豆腐，添入自家腌制的酸萝卜条、酸刀豆，以盐、姜、蒜、辣椒稍稍调味后烧开，再盖上锅盖以小火慢煨。蒸腾热气中，醉人的酸、微微的辣与浓浓的鱼香一并袭来，即成一道十足的人间诱惑。

# 天下闻名：武冈卤菜

湖南武冈盛产美食，千百年的传统卤菜技艺让那里卤味飘香，被人们称作是"中国卤菜之都"。武冈卤味常见的卤制主料有铜鹅、猪肉、牛肉、豆制品等。

相较于其他地方的卤制品，武冈卤味将不同主料反复浸煮、晾干，有着"少盐、少糖、少油"的特征，越卤越香。相传清乾隆皇帝下江南时曾品尝过武冈的卤味，连声称赞，而后该卤味被列为贡品成为宫廷宴席上的常见菜品。而现今，武冈卤味厚积薄发，所出的卤味品种更加丰富，工艺愈发纯熟，武冈卤铜鹅、武冈卤豆腐都已被认定为地理标志产品，在众多卤味品牌中独领风骚。

- 卤味师傅们仍沿袭着上一代人耳提面命的传统制法，精选主料，用添加了多种药材熬制出的卤汁悉心卤制。

- 武冈卤味色泽偏黑色或褐色，吃起来滋味纯正、口感筋道、回味无穷，在历史上曾被作为皇家贡品而驰名全国。

武冈卤味历史悠久，民间养鹅也有着近千年的历史。武冈人所饲养的鹅被叫作武冈铜鹅，这种鹅适应性强，生长快，耐寒，便于饲养，肉质鲜嫩细腻，营养丰富。当地人将鹅肉加以卤制，风味独特，鲜香味美，远近驰名，自古以来便是人们馈赠亲朋好友的佳品。

在武冈，豆制品也是老百姓日常饮食、招待客人的常见之物。早在民国时期，北门口一带即已有豆腐生产，如今的豆腐坊更是如雨后春笋般遍及各处，水豆腐、干豆腐、油豆腐、卤豆腐等种类繁多。武冈出产的卤豆腐口感爽滑，越嚼越香，当作主料与辣椒、腊肉同炒，都是让人趋之若鹜的平民美食。

TIPS:

卤是中国人制作冷菜的一种烹调方法，也有热卤，即将经过初加工处理的家禽、家畜肉放入卤水中加热浸煮，待其冷却即可。

传统卤味制作：锅洗净上火烧热，锅滑油后放入白糖，中火翻炒，糖粒渐融，成为糖液，见糖液由浅红变深红色，出现黄红色泡沫时，投入清水 500 毫升，稍沸即成糖水色，作为调色备用；将备好的香料（最好打碎一点）用纱布袋装好，用绳扎紧备用；将锅置中火上，下花生油 100 毫升，下入姜、葱爆炒出香味，放糖水、药袋、酱油、盐、料酒、酱油适量，一同烧至微沸，转小火煮约 30 分钟，弃掉姜、葱，加入味精，撇去浮沫即成。

# 湘菜特色调料

要想做出一道滋味正宗的湘菜，一定要选用原汁原味的湖南调料，才能烹调出地道滋味。

## 浏阳豆豉

浏阳豆豉以其色、香、味、形俱佳的特点成为湘菜调味品中的佳品。浏阳豆豉是以泥豆或小黑豆为原料，经过发酵精制而成，颗粒完整匀称、色泽绛红或黑褐、皮皱肉干、质地柔软、汁浓味鲜、营养丰富，且久贮不发霉。浏阳豆豉加水泡胀后，是烹饪菜肴的调味佳品，有酱油、味精所不及的鲜味。

## 玉和醋

玉和醋是以优质糯米为主要原料，以紫苏、花椒、茴香、食盐为辅料，以炒焦的节米为着色剂，从原料加工到酿造，再到成品包装，产品制成后，要储存一两年后方可出厂销售。玉和醋具有浓而不浊、芳香醒脑、酸而鲜甜的特点，具有开胃生津、和中养颜、醒脑提神等多种药用价值。

## 茶陵紫皮蒜

茶陵紫皮蒜因皮紫肉白而得名，是茶陵地方特色品种，与姜、白芷同誉为"茶陵三宝"。茶陵紫皮蒜是一个经过多年选育、逐渐形成的地方优良品种，具有个大瓣壮、皮紫肉白、含大蒜素高等优点。

## 永丰辣酱

永丰辣酱以本地所产的一种肉质肥厚、辣中带甜的灯笼椒为主要原料，搅拌一定分量的小麦、黄豆、糯米，依传统配方晒制而成。其色泽鲜艳，芳香可口，具有开胃健脾、增进食欲、帮助消化、温中散寒等功效。

## 湘潭酱油

湘潭制酱历史悠久，湘潭酱油以汁浓郁、色乌红、香温馨被称为"色香味三绝"。据《湘潭县志》记载，早在清朝初年，湘潭就有了制酱作坊。湘潭酱油选料、制作乃至储器都十分讲究，其主料采用脂肪、蛋白质含量较高的澧河黑口豆、荆河黄口豆和湘江上游所产的鹅公豆，辅料食盐专用福建结晶子盐，胚缸则用体薄传热快、久储不变质的苏缸。生产中，浸子、蒸煮、拌料、发酵、踩缸、晒坯、取油七道工序，环环相扣，严格操作，一丝不苟。用独特的传统工艺酿造的湘潭酱油久贮无浑浊、无沉淀、无霉花，深受湖南人民的喜爱。

## 浏阳小曲酒

浏阳小曲酒以优质高粱、大米、糯米、小麦、玉米等为主要原料，利用自然环境中的微生物，在适宜的温度与湿度条件下培养成为酒曲。酒曲具有使淀粉糖化和发酵酒精的双重作用，数量众多的微生物群在酿酒发酵的同时析出各种微量香气成分，形成了浏阳小曲酒的独特风格。

## 辣妹子辣椒酱

辣妹子辣椒酱精选上等红尖椒，细细碾磨成粉，再加上蒜、八角、桂皮、香叶、茶油等香料，运用独门秘方文火熬成。辣妹子辣椒酱辣味浓醇、口感细腻、色泽鲜亮，富含铁、钙、维生素等多种营养成分。

## 腊八豆

腊八豆是将黄豆用清水泡胀后煮至烂熟，捞出沥干，摊凉后放入容器中发酵，发酵好后再用调料拌匀，放入坛子中腌渍而成。

# 第2章

## 素菜类

随着健康饮食观念的深入人心，越来越多人开始将每日的肉食摄入量降至"安全线"以下，而将素食放到越来越重要的位置上。湖南人是如何将简单的素菜做得精致、出彩、滋味十足的呢？咱们闲话少叙，快学起来！

# 鸡汁萝卜

| | | | |
|---|---|---|---|
| 🕐 2分钟 | ⚔ 开胃消食 | | |
| 🔺 辣 | 😊 一般人群 | | |

　　鸡汁萝卜看起来清爽宜人，规整的萝卜片像极了晶莹剔透的白玉，鸡汁、红椒、芹菜为这抹晶莹增添了亮丽色彩，也让白萝卜变得更加香醇。人们常说冬天的萝卜赛人参，这道菜材料简单，味道却很丰富，萝卜、红椒、芹菜融合了鸡汁的鲜香，都变得美味异常。过年时，一盘这样清爽的素菜，绝对是佐酒下饭的不二之选。

## 材料

| | |
|---|---|
| 白萝卜 | 300 克 |
| 红椒段 | 20 克 |
| 芹菜段 | 20 克 |
| 姜片 | 5 克 |
| 蒜末 | 5 克 |
| 葱白 | 5 克 |

## 调料

| | |
|---|---|
| 盐 | 3 克 |
| 水淀粉 | 10 毫升 |
| 食用油 | 适量 |
| 鸡汁 | 50 毫升 |

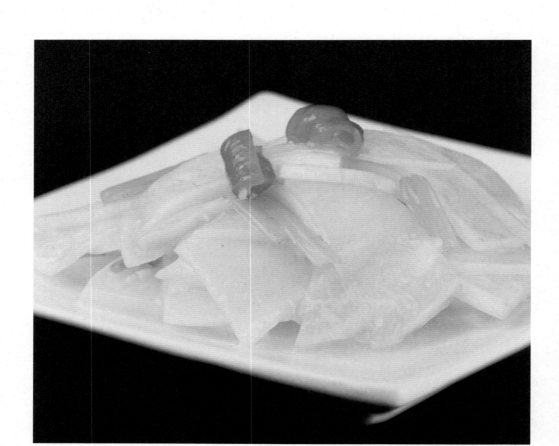

## 食材处理

❶ 将去皮洗净的白萝卜切段，再切成片。

❷ 锅中加清水烧开，加盐，倒入白萝卜拌匀。

❸ 焯片刻后捞出，沥干水分。

## 做法演示

❶ 另起油锅，倒入姜片、蒜末、葱白、红椒炒香。

❷ 倒入焯好的白萝卜片。

❸ 加入盐、鸡汁。

❹ 拌炒一会儿使其充分入味。

❺ 加入水淀粉勾芡。

❻ 放入芹菜段。

❼ 拌炒至熟透。

❽ 将炒好的鸡汁萝卜盛入盘中即可。

## 食物相宜

### 补五脏、益气血

白萝卜

牛肉

### 消食除胀

白萝卜

猪肉

## 小贴士

✿ 新鲜的白萝卜色泽嫩白，表面捏起来较硬实。若白萝卜前端的须是直直的，大多是新鲜的；如果白萝卜根须部杂乱无章，分叉多，那么可能是糠心白萝卜。

# 凉拌红菜薹

⏰ 6分钟　　✖ 促进食欲

🔥 辣　　😊 一般人群

　　红菜薹是产于湖南、湖北的一种蔬菜，早在唐代就已名扬天下，还被皇帝封为"金殿玉菜"，与武昌鱼齐名。红菜薹是冬季的美味，民间有"梅兰竹菊经霜翠，不及菜薹雪后娇"的说法。不管是清炒，还是凉拌，都能将红菜薹经霜打后鲜甜、脆嫩的原始美味发挥到极致。在冬季餐桌上，这道清新的菜肴吃起来香辣可口，可称菜中尤物。

| 材料 | | 调料 | |
| --- | --- | --- | --- |
| 红菜薹 | 450克 | 盐 | 3克 |
| 蒜末 | 25克 | 味精 | 2克 |
| 朝天椒圈 | 25克 | 白糖 | 1克 |
| | | 辣椒油 | 适量 |
| | | 芝麻油 | 适量 |
| | | 食用油 | 适量 |

## 食材处理

❶ 把洗净的红菜薹的菜梗切开。

❷ 将红菜薹切成小段。

## 做法演示

❶ 锅中注水烧开，加入盐、味精、食用油拌匀。

❷ 放入红菜薹。

❸ 焯至熟，捞出沥水。

❹ 将焯过水的红菜薹放入碗中。

❺ 倒入蒜末和朝天椒圈。

❻ 放入盐、味精、白糖、辣椒油调味。

❼ 淋上芝麻油。

❽ 搅拌均匀。

❾ 装盘即成。

## 小贴士

✪ 粗的菜薹梗要去皮，对切成两半，这样在焯水的时候，成熟度会一致。

## 食物相宜

### 促进新陈代谢

红菜薹

**+**

豆皮

### 通便排毒

红菜薹

**+**

芹菜

## 养生常识

★ 大雪后抽薹长出的花茎，色泽最红、水分最足、脆性最好、口感最佳。

★ 红菜薹色泽艳丽，质地脆嫩，富含有多种营养成分，维生素含量比大白菜、小白菜都高，为佐餐之佳品。

# 酸辣芹菜

🕐 3分钟　　✂ 开胃消食

🌡 酸辣　　☺ 一般人群

　　这道颜色亮丽的小菜一定会第一时间吸引你的眼球！芹菜独特的清香，配上辣椒的香辣、白醋的酸爽，让酸辣芹菜成为夏日餐桌上的必备小菜。当芹菜充分吸收了辣椒和醋的味道，这道菜就包含了"以辣为主，酸蕴其中"的湘菜精神，在吸引你视线的同时牢牢抓住你的胃。

**材料**

| | |
|---|---|
| 芹菜 | 250克 |
| 红椒丝 | 20克 |
| 蒜末 | 5克 |

**调料**

| | |
|---|---|
| 盐 | 3克 |
| 味精 | 1克 |
| 白糖 | 2克 |
| 白醋 | 适量 |
| 辣椒油 | 适量 |
| 芝麻油 | 适量 |

❶ 将洗净的芹菜切成段。

❷ 将切好的芹菜放入沸水锅中焯至断生。

❸ 用漏勺捞出芹菜。

做法演示

❶ 将芹菜沥干水分后装入碗中。

❷ 倒入蒜末和红椒丝。

❸ 加盐、味精、白糖。

❹ 淋上白醋。

❺ 倒入辣椒油。

❻ 放入芝麻油。

❼ 用筷子搅拌均匀。

❽ 将拌好的芹菜盛入盘中。

❾ 装好盘，即可食用。

食物相宜

降低血压

芹菜

西红柿

增强免疫力

芹菜

牛肉

小贴士

✪ 挑选芹菜时，应选择菜梗短而粗壮、菜叶翠绿而稀少者，色泽要鲜绿，叶柄应是厚的，茎部稍呈圆形，内侧微向内凹，这种芹菜品质是上好的。

✪ 挑选芹菜时，掐一下芹菜的秆部，易折断的为嫩芹菜，不易折断的为老芹菜。

# 双椒土豆丝

🕐 3分钟　　🍴 促进食欲

🌶 辣　　😊 一般人群

　　尖椒土豆丝给人的感觉是一道很素很清淡的炒菜，它可以作为荤菜前的开胃菜，也可以是荤菜后的解腻菜，吃起来清香爽口。要想使土豆丝有脆脆的口感，除了将切好的土豆丝泡水外，在土豆丝入锅后尽快加醋也是关键步骤。

## 材料

| | |
|---|---|
| 青椒 | 20克 |
| 土豆 | 200克 |
| 红椒丝 | 20克 |
| 葱白 | 5克 |
| 蒜末 | 5克 |

## 调料

| | |
|---|---|
| 盐 | 3克 |
| 味精 | 适量 |
| 水淀粉 | 3毫升 |
| 食用油 | 适量 |
| 醋 | 适量 |

## 食材处理

❶ 将去皮洗净的土豆切成丝。

❷ 将洗净的青椒切成丝。

❸ 锅中注入清水，加入食用油煮沸。

❹ 倒入青椒、土豆。

❺ 焯煮片刻后捞出。

## 做法演示

❶ 热锅注油，倒入红椒丝、葱白、蒜末，爆香。

❷ 倒入青椒丝、土豆丝、醋，炒约2分钟至熟透。

❸ 加入盐、味精。

❹ 淋入水淀粉炒匀。

❺ 再加入少许热油炒匀。

❻ 将炒好的土豆丝盛入盘内即可。

## 小贴士

✿ 去皮的土豆应存放在冷水中，加少许醋可使土豆不变色。

✿ 把新土豆放入热水中稍微浸泡，再转入冷水中，更易削去外皮。

## 食物相宜

### 促进食欲

土豆

+

辣椒

### 调理肠胃

土豆

豆角

### 养生常识

★ 土豆富含柔软的膳食纤维，是通便减肥佳品。

# 酸辣炒冬瓜

⏱ 5分钟　　✂ 美容养颜
🔳 酸　　　　☺ 女性

　　与别的蔬菜不同，冬瓜就像是水做的姑娘，生的时候饱含水分，清新娇嫩，烹制时那么随和，轻易地就融入了新的味道。酸辣炒冬瓜是一道家常小炒，酸辣味将冬瓜的本味本色一一遮盖，做出了新的美味。一种家常的温馨味道就能轻易让人获得幸福，感到安心。

**材料**

| 冬瓜 | 300 克 |
|------|--------|
| 干辣椒 | 3 克 |
| 蒜末 | 5 克 |
| 葱花 | 5 克 |

**调料**

| 豆瓣酱 | 20 毫升 |
|--------|---------|
| 盐 | 3 克 |
| 味精 | 1 克 |
| 鸡精 | 1 克 |
| 白醋 | 3 毫升 |
| 水淀粉 | 少许 |
| 食用油 | 少许 |

## 食材处理

将去皮洗净的冬瓜切成薄片。

## 做法演示

① 锅中注少许食用油，入蒜末、干辣椒爆香。

② 倒入冬瓜，翻炒至五成熟。

③ 加盐、味精、鸡精调味。

④ 倒入少许清水。

⑤ 炒至入味。

⑥ 放入白醋、豆瓣酱。

⑦ 翻炒至熟透。

⑧ 用水淀粉勾芡。

⑨ 转小火炒匀。

⑩ 出锅装盘，撒上葱花即成。

## 小贴士

✪ 挑选冬瓜时，选瓜身周正、外皮坚挺并且有白霜，无疤、肉厚的为宜。

## 食物相宜

### 降低血压

冬瓜

海带

### 降低血脂

冬瓜

芦笋

### 利小便、降血压

冬瓜

口蘑

# 辣椒炒空心菜梗

| | | | |
|---|---|---|---|
| 🕐 2分钟 | | ✖ 促进食欲 | |
| 🌡 辣 | | 😊 女性 | |

　　夏天到来,亭亭玉立的空心菜是很多人的心头所爱。菜叶清新开胃,菜梗脆嫩爽口,一棵小小的空心菜也能做出两种截然不同的味道。善用食材、用心做菜的人,才能烹制出不同的美味。这道辣椒炒空心菜梗不仅能充分利用食材的特点,而且爽脆鲜辣,吃起来别有一番风味!

| 材料 | | 调料 | |
|---|---|---|---|
| 空心菜梗 | 200 克 | 盐 | 3 克 |
| 红椒 | 20 克 | 鸡精 | 1 克 |
| 蒜末 | 5 克 | 辣椒酱 | 适量 |
| | | 食用油 | 适量 |

## 食材处理

❶ 将洗净的空心菜梗切长段。

❷ 将洗净的红椒切段，切开，去籽，切成丝。

## 做法演示

❶ 用油起锅，先倒入蒜末炒香，再倒入红椒丝。

❷ 加空心菜梗炒匀。

❸ 加盐、鸡精炒匀。

❹ 加辣椒酱炒匀。

❺ 加少许熟油炒匀。

❻ 盛出装盘即可。

## 小贴士

✪ 选购空心菜时，以色正、鲜嫩、茎条均匀、无枯黄叶、无病斑、无须根者为优。失水萎蔫、软烂、长出根的为次等品，不宜购买。

✪ 如想较长时间保存空心菜，可选购带根的空心菜，放入冰箱中冷藏，可维持 5~6 天。

## 食物相宜

### 通便

空心菜

＋

尖椒

### 防癌抗癌

空心菜

＋

鸡蛋

## 养生常识

★ 空心菜是碱性食物，并含有钾、氯等调节水液平衡的元素，食后可预防肠道内的菌群失调，对防癌有益。

★ 空心菜所含的烟酸、维生素 C 等能降低胆固醇、甘油三酯，具有降脂减肥的作用。

★ 空心菜性寒滑利，体质虚弱、脾胃虚寒、腹泻者应慎用。

# 豆豉蒜末莴笋片

🕐 3分钟　✂ 降糖

🔺 辣　😊 糖尿病患者

　　豆豉蒜末莴笋片看似朴素简单，味道却很丰富，不仅有豆豉的酱香、蒜末的蒜香，还有红椒、莴笋的清香，很适合夏季食用。虽然莴笋总让人感觉娇气，轻轻炒几下就会失去原有的清香，但这道快手菜最大限度地保存了它的口感和本味，红椒丝也为这道菜的卖相增加了几分色彩。

| 材料 | | 调料 | |
|------|------|------|------|
| 莴笋 | 200克 | 盐 | 3克 |
| 红椒 | 40克 | 味精 | 1克 |
| 蒜末 | 15克 | 水淀粉 | 适量 |
| 豆豉 | 30克 | 食用油 | 适量 |

## 食材处理

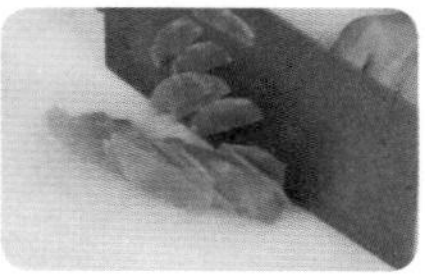

❶将已去皮洗净的莴笋切成片。

❷锅中注水烧开，加入少许盐、油拌匀，放入莴笋。

❸煮沸后捞出莴笋。

## 做法演示

❶锅注油烧热，倒入蒜末、豆豉，爆香。

❷锅里倒入莴笋片翻炒。

❸倒入红椒，加入剩余盐、味精，炒匀。

❹加水淀粉勾芡。

❺淋入少许熟油拌均匀。

❻盛入盘内即可。

### 小贴士

- 挑选莴笋时应注意，选择叶茎鲜嫩的，最好选剥叶后笋白占笋身3/4以上、直径5厘米以上、老根少、没有烂伤的莴笋。
- 莴笋除了茎部可食用外，其嫩叶也可以食用。鲜嫩的莴笋适宜凉拌，较老的适于熟食和腌渍，口感爽脆。
- 莴笋中含有大量水溶性的矿物质和维生素，草酸极少。如果用开水焯，会损失很多营养，所以莴笋只要洗净、去皮、切丝就可以直接凉拌。

### 养生常识

★ 莴笋能够改善消化功能弱和便秘的症状，还有利于促进乳汁分泌和排尿，是水肿、高血压、心脏病患者的食疗蔬菜。

## 食物相宜

### 补虚强身

莴笋

＋

猪肉

### 降脂降压

莴笋

＋

香菇

### 可通便排毒

莴笋

＋

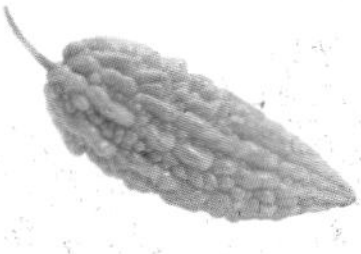

苦瓜

# 手撕圆白菜

⏰ 3分钟    ✂ 瘦身排毒
🧂 辣    ☺ 女性

    圆白菜是春夏季的时令鲜蔬，口味清香脆嫩，具有防衰老、抗氧化的作用。手撕的圆白菜叶子更容易入味，配上香辣开胃的尖红椒一起爆炒，就能做出一道可口的家常菜肴。这道简单的快手小菜绝对适合每天忙碌的上班一族食用。

| 材料 | | 调料 | |
|---|---|---|---|
| 圆白菜 | 300克 | 盐 | 3克 |
| 蒜末 | 15克 | 味精 | 2克 |
| 干辣椒 | 3克 | 鸡精 | 1克 |
| | | 食用油 | 适量 |

## 食材处理

将洗净的圆白菜的菜叶撕成片。

## 做法演示

① 热锅注油，烧热后倒入蒜末爆香。

② 倒入洗好的干辣椒炒香。

③ 再倒入圆白菜，翻炒均匀。

④ 淋入少许清水，继续炒1分钟至熟软。

⑤ 加盐、鸡精、味精。

⑥ 翻炒至入味。

⑦ 盛入盘中。

⑧ 摆好盘即成。

### 小贴士

- 制作这道菜时，要将圆白菜用手撕碎，不要用刀切。刀切的断面光滑，而撕出来的断面粗糙、凹凸不平，这样在炒制过程中圆白菜叶与调味汁的接触面积就会增大，更易入味和挂汁，味道更鲜美；另一方面，用手撕菜可以避免因使用金属刀具加速蔬菜中维生素 C 的氧化，可减少营养流失。

- 手撕后的圆白菜叶下锅前，宜用凉水稍加浸泡，将水分控干后再下锅，这样菜叶口感会特别脆。

- 圆白菜下锅翻炒时，要用大火，这样炒出来的菜叶才会脆香。

## 食物相宜

### 防治碘不足

圆白菜

+

海带

### 改善妊娠水肿

圆白菜

+

鲤鱼

### 预防牙龈出血

圆白菜

+

虾仁

# 煎苦瓜

🕐 4分钟　　🍴 清热解毒

🧂 清淡　　😊 一般人群

　　这道煎苦瓜很让人惊喜，油煎过后的苦瓜少了几分清苦，多了一丝焦香，配上红椒食用，味道也变得丰富。当苦瓜的翠绿微苦在味蕾上蔓延开来时，一下子就震慑住了夏日酷热带来的烦躁心情。香辣清苦慢慢地融化着，最后一切归于平淡，好似什么都不曾发生过，但味觉却早已激起了层层涟漪。

**材料**

| 苦瓜 | 450克 |
|---|---|
| 红椒圈 | 10克 |

**调料**

| 淀粉 | 适量 |
|---|---|
| 盐 | 3克 |
| 白糖 | 1克 |
| 生抽 | 3毫升 |
| 食用油 | 适量 |

## 食材处理

❶ 将苦瓜洗净，切四等份长条，去除瓜瓤。

❷ 锅内注水烧开，加少许淀粉。

❸ 放入切好的苦瓜。

❹ 加盖，焯煮约2分钟至熟。

❺ 揭盖，捞出苦瓜，过凉水。

❻ 将焯熟的苦瓜切成片。

❼ 装入盘中备用。

## 做法演示

❶ 锅中注入少许食用油烧热。

❷ 放入苦瓜片。

❸ 以油煎约2分钟至焦香。

❹ 加入盐、白糖。

❺ 拌炒均匀。

❻ 将煎好的苦瓜片盛出。

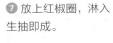

❼ 放上红椒圈，淋入生抽即成。

## 食物相宜

### 延缓衰老

苦瓜

+

茄子

### 清热解毒，补肝明目

苦瓜

+

猪肝

# 蒜苗炒烟笋

🕐 4分钟　　✂ 促进食欲

🔥 辣　　☺ 一般人群

　　烟笋是百搭的食材，既可素食，也可荤食。那种特殊的烟熏香味，很易勾起食欲，加上竹笋天然的清香，入口咀嚼，唇齿之间接触到烟笋富有弹性的粗纤维，香气溢出，那种特有的口感，是谁也挡不住的诱惑。这道菜中蒜苗和辣椒的清香也会让烟笋的味道更上一层楼。

| 材料 | | 调料 | |
|---|---|---|---|
| 青蒜苗 | 100克 | 盐 | 3克 |
| 红椒 | 20克 | 味精 | 2克 |
| 袋装熟烟笋 | 100克 | 鸡精 | 1克 |
| 干辣椒 | 10克 | 水淀粉 | 适量 |
| | | 辣椒油 | 适量 |
| | | 食用油 | 适量 |

❶ 将洗净的红椒切成片。

❷ 将择洗干净的青蒜苗切段。

## 做法演示

❶ 热锅注油，倒入洗好的干辣椒和红椒爆香。

❷ 倒入青蒜苗梗炒匀。

❸ 倒入烟笋翻炒片刻。

❹ 加入辣椒油炒1分钟至熟。

❺ 加入盐、味精、鸡精调味。

❻ 倒入剩余的蒜苗叶炒匀。

❼ 加水淀粉勾芡。

❽ 将勾芡后的菜炒匀。

❾ 盛入盘内即可。

## 小贴士

✿ 优质青蒜大多叶子柔嫩、叶尖不干枯，株棵粗壮、整齐洁净、不易折断。

## 食物相宜

### 温中散寒

青蒜

虾仁

### 补充营养

青蒜

豆干

## 养生常识

★ 据《本草纲目》记载，蒜苗具有祛风寒、散肿痛、杀毒气、健脾胃等作用。

★ 蒜苗能保护肝脏，诱导肝细胞脱毒酶的活性，阻断亚硝胺致癌物质的合成，对预防癌症有一定的作用。

# 金银蒜蒸丝瓜

🕐 4分钟　　✖ 美容养颜
🔺 清淡　　　☺ 女性

　　口味清淡、色泽靓丽是这道菜肴的最大卖点，青翠可人的丝瓜搭配营养丰富的金银蒜，一款健康好味的蒸菜就这样轻松地制成了。金银蒜就是将炸过的蒜末和没炸过的蒜末混合，一般用来制作蒸菜，比如丝瓜、茄子、扇贝、鱼头、龙虾等，用来拌面也不错。金银蒜保留并放大了蒜的香气，减弱了蒜的辛辣味道，让菜肴的口感更丰富。

| 材料 | | 调料 | |
|---|---|---|---|
| 丝瓜 | 250克 | 盐 | 3克 |
| 蒜末 | 50克 | 味精 | 1克 |
| 鲜辣椒碎 | 20克 | 生抽 | 3毫升 |
| 葱 | 5克 | 水淀粉 | 适量 |
| 蒜 | 5克 | 食用油 | 适量 |

## 食材处理

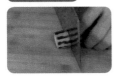

❶ 将丝瓜去皮后切成棋子段。

❷ 将切好的丝瓜装盘备用。

❸ 将葱洗净切成葱花。

❹ 把蒜切成蒜末。

❺ 向锅中注入适量食用油。

❻ 倒入 50 克蒜末，煎至金黄色捞出。

❼ 碗中放入蒜末、盐、味精、生抽、熟油、油煎蒜末、水淀粉拌匀。

❽ 用小勺将锅中的蒜香油及碗中调料浇于每个丝瓜段上。

❾ 撒入鲜辣椒末。

## 做法演示

❶ 将丝瓜段转到蒸锅中。

❷ 加盖，大火蒸约 3 分钟至熟。

❸ 取出蒸熟的丝瓜。

❹ 撒入葱花。

❺ 锅中倒入少许食用油烧热，浇在丝瓜上即成。

## 食物相宜

防治口臭、便秘

丝瓜

＋

毛豆

清热养颜净肤除斑

丝瓜

＋

菊花

### 养生常识

★ 丝瓜中维生素 C 的含量高，可用于预防各种维生素 C 缺乏症。

# 剁椒蒸茄子

🕐 8分钟　　✂ 促进食欲
🌶 辣　　　　☺ 胃肠病患者

作为近乎零热量的食物，茄子可以任由我们随心变换做法。此番它又改头换面，伴在剁椒的左右。清蒸的做法最大限度地保留了茄子和剁椒的口味，让各种味道自然地在茄条中融合。征服人的就是茄子软嫩的口感，为食欲不振的夏季增加了一道鲜辣开胃的美食。

| 材料 | | 调料 | |
|---|---|---|---|
| 茄子 | 200克 | 生抽 | 5毫升 |
| 剁椒 | 50克 | 淀粉 | 适量 |
| 蒜末 | 少许 | 食用油 | 适量 |
| 葱花 | 5克 | | |

## 食材处理

❶ 将洗好的茄子切条状,摆入盘中。

❷ 剁椒加蒜末拌匀。

❸ 放入淀粉拌匀。

❹ 加入食用油拌匀。

❺ 将调好的剁椒撒在茄子上。

## 做法演示

❶ 将茄子放入蒸锅。

❷ 加盖,大火蒸5分钟至熟。

❸ 揭开锅盖,取出蒸熟的茄子。

❹ 炒锅中加少许油烧热,再将热油浇在茄子上。

❺ 淋入生抽。

❻ 撒上葱花即成。

## 食物相宜

宽中顺气

茄子

黄豆

减少人体对胆固醇的吸收

茄子

猪肉

## 养生常识

★ 茄子含有龙葵碱,能抑制消化系统肿瘤的增殖,对于防治胃癌有一定效果。此外,茄子还有清退癌热的作用。

★ 茄子皮里含有 B 族维生素,所以,建议吃茄子时不要去皮。

# 咸菜炒青椒

🕐 4分钟　　✖ 促进食欲

🔲 咸　　😊 一般人群

　　小时候，刚刚做好一锅馒头，趁热吃点咸菜，对于我来说就是美味。咸菜炒青椒，为朴素的咸菜增加了丰富的味道和口感。青椒也为这道小菜增加了一些形象分，其中的维生素 C 还有益于美容养颜。

## 材料

| | |
|---|---|
| 咸菜 | 250 克 |
| 青椒 | 100 克 |
| 蒜末 | 5 克 |
| 姜片 | 5 克 |
| 葱白 | 5 克 |

## 调料

| | |
|---|---|
| 白糖 | 2 克 |
| 盐 | 3 克 |
| 蚝油 | 适量 |
| 食用油 | 适量 |

 ❶ 将洗净的青椒切成丝。

 ❷ 将咸菜洗净切丝。

 ❸ 锅中加清水烧开，倒入咸菜丝焯片刻。

 ❹ 捞起咸菜丝沥干水分。

## 做法演示

 ❶ 起油锅，倒入蒜末、姜片、葱白爆香。

 ❷ 倒入咸菜丝翻炒匀。

 ❸ 加白糖、盐调味。

 ❹ 加入青椒炒匀。

 ❺ 放蚝油炒匀。

 ❻ 盛出装入盘中即可食用。

小贴士

✿ 在切青椒时，先将刀在冷水中蘸一下再切，就不容易辣到眼睛了。

### 养生常识

★ 青椒强烈的香辣味能刺激唾液和胃液的分泌，可增加食欲，促进肠道蠕动，帮助消化。

## 食物相宜

### 美容养颜

辣椒

苦瓜

### 利于维生素的吸收

辣椒

+

鸡蛋

### 促进肠胃蠕动

辣椒

紫甘蓝

# 豆豉辣炒年糕

⏰ 6分钟  ✖ 促进食欲
🔥 辣  ☺ 一般人群

　　风味独特的炒年糕，只有妈妈做的最软糯香滑。豆豉辣炒年糕选用再寻常不过的食材，一改以往年糕的恬静本色，变出了激情如火的香辣口味，调剂了原本的平淡，将糯米原有的味道发挥到极致。

## 材料

| | |
|---|---|
| 豆豉 | 30克 |
| 年糕 | 200克 |
| 油菜 | 80克 |
| 姜片 | 5克 |
| 蒜末 | 5克 |
| 红椒圈 | 20克 |

## 调料

| | |
|---|---|
| 辣椒酱 | 35毫升 |
| 盐 | 3克 |
| 味精 | 1克 |
| 鸡精 | 1克 |
| 食用油 | 适量 |

❶ 锅中加水烧开，加食用油，倒入洗净的年糕。

❷ 煮3分钟，待年糕煮软。

❸ 捞出沥干，盛入盘中备用。

❹ 锅中加少许盐，倒入洗净的油菜拌匀。

❺ 煮熟后捞出。

❻ 摆在盘中。

## 做法演示

❶ 起油锅，入姜片、蒜末、红椒圈、豆豉炒香。

❷ 倒入年糕，加少许清水炒匀。

❸ 倒入辣椒酱，炒至入味。

❹ 加剩余盐、味精、鸡精调味。

❺ 淋上少许水炒匀。

❻ 盛出装盘即可。

## 小贴士

✪ 煮稀饭时，放入年糕块，可以作为早餐，既好吃又耐饥；煲饭时，放上几块年糕，待饭好后直接食用，米香扑鼻。

### 养生常识

★ 年糕含有蛋白质、脂肪、碳水化合物、烟酸、钙、磷、钾、镁等营养素，不仅营养丰富，而且味道香甜可口，还具有一定的强身祛病作用。

## 食物相宜

### 预防癌症

油菜

香菇

### 促进钙吸收

油菜

虾仁

### 增强免疫力

油菜

豆腐

# 剁椒煎豆腐

- ⏰ 3分钟
- 🌶 辣
- ✖ 增强免疫力
- ☺ 一般人群

　　剁椒和豆腐，看似风马牛不相及，搭配起来却别有风味。剁椒煎豆腐是一道经典湘菜，虽然外面做的每家味道都不一样，但都很好吃。这道豆腐料理简单易做，区别在于豆腐的老嫩，心细手巧、刀功极佳者可用嫩豆腐入菜，厨艺普通者则可用老豆腐入菜，以免将豆腐弄碎。

## 材料

| | |
|---|---|
| 豆腐 | 250克 |
| 剁椒酱 | 45克 |
| 葱花 | 5克 |

## 调料

| | |
|---|---|
| 蚝油 | 5毫升 |
| 盐 | 3克 |
| 味精 | 1克 |
| 食用油 | 适量 |

## 食材处理

将洗净的豆腐切片，改切成条状。

## 做法演示

❶ 用油起锅，放入豆腐块。

❷ 加入少许盐。

❸ 煎至两面呈金黄色。

❹ 倒入剁椒酱，加适量清水。

❺ 放蚝油、剩余盐、味精，拌匀煮至入味。

❻ 撒上葱花翻炒匀。

❼ 盛出装盘即可。

## 食物相宜

### 补脾健胃

豆腐

＋

西红柿

### 降血脂、降血压

豆腐

＋

香菇

## 小贴士

✪ 易碎的豆腐在冰箱里放上一两天，再拿出来煎，就不易煎碎，而且煎出来外观很漂亮。

✪ 煎豆腐时，宜用小火或中火煎，不用大火，豆腐的外皮煎老了会影响口感。

✪ 豆腐放的时间久了之后，易变黏，影响口感，只要把豆腐放在盐水中煮开，放凉后连水一起放在保鲜盒里，放进冰箱，至少可以存放一个星期不变质。

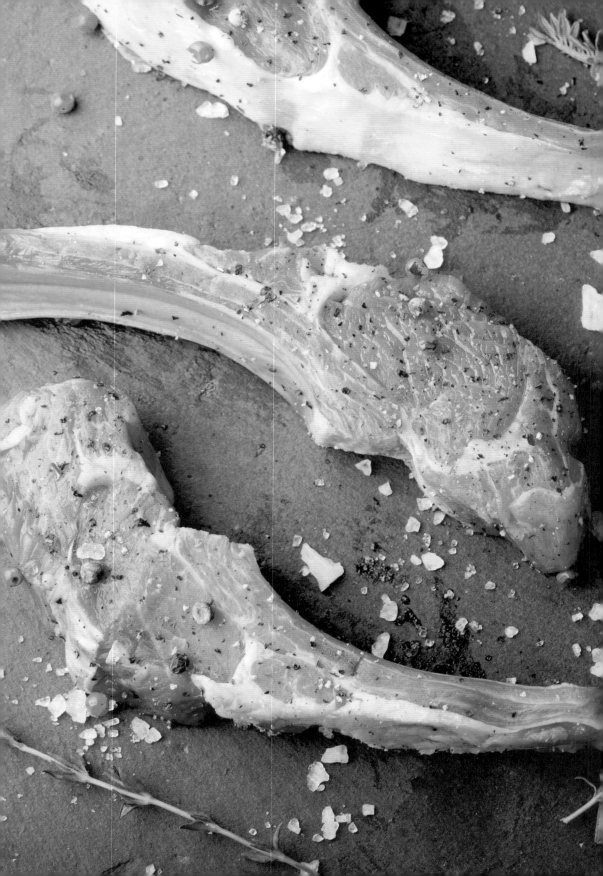

# 第 **3** 章

肉菜类

　　湖南人餐桌上的蔬菜与肉味有时确实让人难以抉择，吃菜有吃菜的踏实，但吃肉也有吃肉的畅快。萝卜白菜，各有所爱。偶尔放纵一下自己，又何必跟自己的胃口过不去呢？面对如此多鲜嫩辛香的人间美味，何不畅怀开吃呢？

# 农家茶香干

⏰ 3分钟　　✖ 增强免疫力
🔺 辣　　　😊 儿童和老人

　　麻麻的辣，香香的茶香干，让人回味无穷。这道菜以豆瓣酱入菜，是较典型的家常味。嫩滑的茶香干，配以五花肉，使五花肉吃起来香嫩不油腻，同时茶香干充分吸收了油脂，着实是一道开胃下饭的家常好菜。

### 材料

| | |
|---|---|
| 茶香干 | 200 克 |
| 五花肉 | 250 克 |
| 青椒 | 20 克 |
| 姜片 | 5 克 |
| 蒜末 | 5 克 |
| 葱白 | 5 克 |

### 调料

| | |
|---|---|
| 蚝油 | 2 毫升 |
| 盐 | 2 克 |
| 味精 | 1 克 |
| 白糖 | 3 克 |
| 料酒 | 3 毫升 |
| 老抽 | 3 毫升 |
| 豆瓣酱 | 适量 |
| 水淀粉 | 适量 |
| 食用油 | 适量 |

## 食材处理

❶ 将洗净的茶香干切成片。

❷ 将洗净的青椒切段，去除籽，改切成条。

❸ 将洗净的五花肉切成片。

❹ 油锅烧至五成热，倒入香干，开中火滑油至金黄色。

❺ 捞出滑好油的香干备用。

## 做法演示

❶ 锅底留油，倒入五花肉，煸炒至出油。

❷ 加入老抽炒匀，加入料酒炒香。

❸ 倒入姜片、葱白、蒜末炒匀。

❹ 倒入香干炒匀。

❺ 加入蚝油、盐、味精、白糖、豆瓣酱。

❻ 倒入青椒，拌炒1分钟至入味。

❼ 加水淀粉勾芡。

❽ 继续翻炒片刻。

❾ 盛出装盘即可。

## 养生常识

★ 五花肉性平，味甘咸，具有养血、滋阴润燥、润肌肤的功效。有辅助治疗消渴羸瘦、肾虚体弱、产后血虚、便秘等病症的作用。

## 食物相宜

### 补充营养

豆腐干

豆芽

### 防治心血管疾病

豆腐干

韭黄

### 增强免疫力

豆腐干

金针菇

# 芙蓉米豆腐

⏱ 5分钟　　✕ 增强免疫力
🌡 辣　　　　☺ 女性

　　湖南盛产米豆腐，湘南、湘西、湘北各有风格，湘南的口味偏重，湘北的温婉爽口，湘西的融合湘南、湘北风味，加上野辣劲儿在里面，回味更悠长。米豆腐为湘西土家族、苗族等少数民族所钟爱，芙蓉镇的米豆腐最著名，色泽金黄，吃时用蔑刀将豆腐切成拇指大小的颗粒，在温水中焯一下，拌上皮蛋、肉末、辣椒、芝麻、葱花等佐料，嫩滑酸辣、爽口至极。

## 材料

| | |
|---|---|
| 皮蛋 | 1个 |
| 肉末 | 80克 |
| 米豆腐 | 300克 |
| 红椒 | 15克 |
| 白芝麻 | 适量 |
| 葱花 | 5克 |

## 调料

| | |
|---|---|
| 盐 | 3克 |
| 鸡精 | 1克 |
| 味精 | 1克 |
| 料酒 | 5毫升 |
| 生抽 | 5毫升 |
| 豆瓣酱 | 5毫升 |
| 水淀粉 | 适量 |
| 食用油 | 适量 |

## 食材处理

❶ 将皮蛋剥去壳，切成粒。

❷ 将洗净的红椒去籽，切成粒。

❸ 把洗好的米豆腐切成块。

## 做法演示

❶ 热锅注油，倒入肉末，炒至发白。

❷ 加料酒和生抽拌炒匀。

❸ 倒入适量清水煮开。

❹ 加入红椒粒和豆瓣酱，拌匀。

❺ 倒入皮蛋煮沸。

❻ 加盐、鸡精、味精调味。

❼ 倒入米豆腐。

❽ 大火拌煮2～3分钟至充分入味。

❾ 加水淀粉勾芡。

❿ 淋入熟油拌匀。

⓫ 盛入盘内。

⓬ 撒入白芝麻和葱花即成。

## 食物相宜

**润肺爽喉**

皮蛋

西蓝花

**清热开胃**

皮蛋

➕

豆腐

### 养生常识

★ 米豆腐含有多种维生素，有预防和辅助治疗大肠癌、便秘、痢疾等病症的作用，有助于减肥排毒、养颜美容，保持青春活力。

# 黄瓜片炒肉

| | | | |
|---|---|---|---|
| 🕐 | 2分钟 | ✂ | 开胃消食 |
| ⚖ | 清淡 | ☺ | 老年人 |

　　黄瓜是夏季佳蔬，很多餐馆里都有炒黄瓜片，因为爽脆香辣，更适合夏天吃。黄瓜片和猪瘦肉一起炒制，口味更加别致，轻轻松松就变成一道主菜。这道菜中的红椒、蒜末也有着诱人的味道，从小到大，这种熟悉的味道一直伴随在身边，从未疏远。

**材料**

| | |
|---|---|
| 黄瓜 | 200克 |
| 猪瘦肉 | 250克 |
| 芹菜段 | 20克 |
| 姜片 | 5克 |
| 蒜末 | 5克 |
| 红椒片 | 20克 |

**调料**

| | |
|---|---|
| 盐 | 3克 |
| 白糖 | 2克 |
| 水淀粉 | 适量 |
| 味精 | 1克 |
| 蛋清 | 适量 |
| 食用油 | 适量 |

❶ 将洗好的黄瓜切去瓜瓤，改切片。

❷ 将洗净的猪瘦肉切片，装入碗中。

❸ 加入少许盐、味精、蛋清和少许水淀粉抓匀。

❹ 倒入适量食用油抓匀，腌渍5分钟至入味。

❺ 锅中注入适量食用油，烧至五成热，倒入肉片。

❻ 滑油片刻后，捞出备用。

## 做法演示

❶ 锅留底油，入姜片、蒜末、红椒、芹菜段炒香。

❷ 倒入黄瓜，翻炒片刻。

❸ 倒入猪瘦肉，炒约1分钟至熟透。

❹ 加剩余盐、白糖调味。

❺ 加入剩余水淀粉，快速拌炒均匀。

❻ 盛入盘中即成。

## 食物相宜

### 增强免疫力

黄瓜

+

鱿鱼

### 排毒瘦身

黄瓜

+

蒜

## 小贴士

☢ 黄瓜宜用大火爆炒，这样炒出的黄瓜外软内脆。

☢ 因黄瓜易炒烂，炒半熟时出锅最好吃，不宜全部炒熟。

# 五花肉炒口蘑

⏱ 5分钟　　✂ 防癌抗癌
🍴 鲜香　　☺ 男性

　　口蘑是一种营养丰富、口感美妙的菌类食材，非常受人们欢迎。这道五花肉炒口蘑一改口蘑清鲜淡雅的口味，转向热烈浓郁的厚重口味，红椒、辣椒面的加入更丰富了菜的味道。成品香气四溢，香辣爽口，真让人垂涎三尺。

## 材料

| | |
|---|---|
| 五花肉 | 300 克 |
| 口蘑 | 150 克 |
| 红椒 | 30 克 |
| 姜片 | 5 克 |
| 蒜末 | 5 克 |
| 葱白 | 5 克 |

## 调料

| | |
|---|---|
| 盐 | 3 克 |
| 味精 | 1 克 |
| 蚝油 | 5 毫升 |
| 料酒 | 5 毫升 |
| 老抽 | 3 毫升 |
| 水淀粉 | 适量 |
| 熟油 | 适量 |
| 辣椒面 | 适量 |

❶ 把红椒洗净切片。

❷ 将洗净的口蘑切成片。

❸ 将洗净的五花肉切成片。

❹ 锅中加清水烧开，加少许盐、油。

❺ 倒入口蘑拌匀。

❻ 煮沸后捞出。

### 做法演示

❶ 热锅注油，倒入五花肉。

❷ 炒1分钟至出油。

❸ 加老抽上色。

❹ 倒入辣椒面、姜片、葱白、蒜末炒香。

❺ 放入红椒片，加料酒炒匀。

❻ 倒入口蘑，加剩余盐、味精、蚝油调味。

❼ 加入水淀粉勾芡。

❽ 淋入熟油拌匀。

❾ 盛出装盘即可。

### 食物相宜

#### 补中益气

口蘑

＋

鸡肉

#### 增强免疫力

口蘑

＋

鹌鹑蛋

### 养生常识

★ 口蘑中含有硒、钙、镁、锌等十几种矿物质，其含量仅次于灵芝，且在人体中的吸收效果也非常好。

★ 口蘑可以促进自然免疫系统发挥作用，提高自然防御细胞的活动能力，抑制或杀死多种病毒。

# 芥菜头炒肉

⏱ 3分钟　　✗ 促进食欲
🔥 辣　　　😊 一般人群

　　人不可貌相，菜亦如此，芥菜头简单朴素的外表下却有一颗冲破传统禁锢的心。北方人对腌芥菜头并不陌生，但芥菜头炒肉却很新鲜。由于红椒、青椒的加入，这道菜颜色亮丽，看着就很有食欲，滋味鲜浓，吃起来更是十足过瘾。

| 材料 | | | 调料 | |
| --- | --- | --- | --- | --- |
| 芥菜头 | 150克 | | 盐 | 3克 |
| 五花肉 | 100克 | | 白糖 | 2克 |
| 青椒片 | 20克 | | 水淀粉 | 10毫升 |
| 红椒片 | 20克 | | 蚝油 | 5毫升 |
| 姜片 | 5克 | | 老抽 | 3毫升 |
| 葱白 | 5克 | | 食用油 | 适量 |
| 蒜末 | 5克 | | | |

❶ 将五花肉洗净，切成片。

❷ 将芥菜头洗净，去梗切片。

❸ 锅中加适量清水烧开，加入少许盐、食用油煮沸。

❹ 倒入芥菜头，焯约2分钟至断生。

❺ 将煮好的芥菜头捞出备用。

## 做法演示

❶ 用油起锅，倒入五花肉翻炒至出油。

❷ 加老抽上色。

❸ 倒入姜片、蒜末、葱白。

❹ 放入红椒片、青椒片炒匀。

❺ 倒入焯水的芥菜头。

❻ 加剩余盐、白糖、蚝油和少许清水炒匀。

❼ 用水淀粉勾芡。

❽ 翻炒至熟透。

❾ 盛出装盘即可。

## 食物相宜

### 清热除烦

芹菜

+

猪肉

### 平肝除烦

芹菜

+

豆腐干

## 养生常识

★ 芥菜头含有丰富的膳食纤维，可促进肠道蠕动，缩短粪便在结肠中的停留时间，稀释毒物，降低致癌因子浓度，从而发挥防癌的作用，可用于防治结肠癌。

# 青蒜炒猪颈肉

🕐 3分钟　　❌ 增强免疫力

🍴 咸香　　　☺ 男性

　　这是一道带有湖南风味的家常小炒，肉质鲜嫩的猪颈肉配上清香的青蒜，简简单单地就可以做出一道肉香浓郁、清香味辣、令人胃口大开的菜肴。春天是青蒜上市的季节，青蒜爆炒一下味道可是很香的哦，而且多吃一些青蒜还能增强身体免疫力。

## 材料

| 熟猪颈肉 | 300 克 |
|---|---|
| 青蒜 | 30 克 |
| 洋葱 | 30 克 |
| 姜片 | 5 克 |
| 蒜末 | 5 克 |
| 红椒 | 5 克 |

## 调料

| 盐 | 3 克 |
|---|---|
| 味精 | 1 克 |
| 白糖 | 2 克 |
| 老抽 | 3 毫升 |
| 蚝油 | 5 毫升 |
| 豆瓣酱 | 适量 |
| 水淀粉 | 适量 |
| 食用油 | 适量 |

## 食材处理

 ❶ 将洗净的红椒切成片，洋葱洗净切成片。

 ❷ 将洗净的青蒜切段。

 ❸ 将熟猪颈肉切成片。

## 做法演示

 ❶ 用油起锅，放入猪颈肉炒至出油。

 ❷ 加老抽拌匀上色。

 ❸ 倒入姜片、蒜末炒香。

 ❹ 放入青蒜段、洋葱、红椒。

 ❺ 翻炒均匀。

 ❻ 加入蚝油炒匀。

 ❼ 放入豆瓣酱翻炒均匀。

 ❽ 放入盐、味精、白糖调味。

 ❾ 倒入青蒜叶炒匀。

 ❿ 加入水淀粉。

 ⓫ 快速拌炒匀。

 ⓬ 盛入盘中即可。

### 养生常识

★ 青蒜含有辣素，可以起到预防流感、防止伤口感染、防治感染性疾病和驱虫的作用。

★ 青蒜具有明显的降血脂及预防冠心病和动脉硬化的作用，并可防止血栓的形成。

## 食物相宜

**防治高血压、糖尿病**

青蒜

莴笋

**清热杀菌**

青蒜

蘑菇

**杀菌消炎**

青蒜

豆腐

# 豉椒炒肉

⏰ 4分钟　　🍴 促进食欲
⚖ 咸　　😊 一般人群

　　创意在美食制作中极为重要，善用身边的食材，常常会获得意想不到的惊喜。辣椒炒肉原本就是一道美食，加上豆豉，让这道菜豉汁芳香，青红椒辛香，肉鲜香，炒后搭配芝麻油，浑然一体，其味无穷。

## 材料

| 材料 | |
| --- | --- |
| 猪瘦肉 | 200克 |
| 青椒 | 50克 |
| 红椒 | 20克 |
| 竹笋 | 40克 |
| 豆豉 | 10克 |
| 蒜末 | 15克 |

## 调料

| 调料 | |
| --- | --- |
| 盐 | 3克 |
| 味精 | 1克 |
| 料酒 | 5毫升 |
| 老抽 | 3毫升 |
| 水淀粉 | 适量 |
| 芝麻油 | 适量 |
| 食用油 | 适量 |

## 食材处理

❶ 将洗好的猪瘦肉切成片。

❷ 将青椒、红椒洗净去籽切片。

❸ 把已去皮洗好的竹笋切成片。

❹ 肉片加少许盐、料酒、少许水淀粉拌匀。

❺ 加入少许老抽。

❻ 用筷子拌匀，腌渍5～6分钟至入味。

## 做法演示

❶ 热锅注油，倒入肉片快速翻炒。

❷ 炒至肉色发白后倒入豆豉、蒜末。

❸ 倒入青椒片、红椒片和竹笋，翻炒约2分钟至熟透。

❹ 加剩余盐、味精炒匀调味，加入剩余水淀粉勾芡。

❺ 淋入芝麻油，拌匀。

❻ 盛入盘中即可。

## 小贴士

❂ 猪肉经浸泡后，纤维组织膨胀，含水分较多，也不便于切配，所以猪肉不宜用冷水或热水长时间浸泡。

## 食物相宜

### 降低胆固醇

猪肉

红薯

### 促进食欲

猪肉

白菜

### 补脾益气

猪肉

莴笋

# 榄菜肉末豆角

🕐 4 分钟 ✕ 促进食欲
⬛ 辣 ☺ 女性

　　榄菜肉末豆角绝对制作简单，色泽漂亮，味道鲜香，非常下饭。其实，橄榄菜本身就色泽乌艳，清鲜爽滑，油香四溢，可直接用来搭配白粥、米粉、面条或馒头。但它经加热后会与食材充分融合，使菜肴散发出一股鲜美的油香味，食之更加开胃。

| 材料 | | 调料 | |
|---|---|---|---|
| 橄榄菜 | 30 克 | 盐 | 3 克 |
| 猪瘦肉 | 250 克 | 水淀粉 | 10 毫升 |
| 豆角 | 100 克 | 味精 | 1 克 |
| 红椒 | 10 克 | 鸡精 | 1 克 |
| 葱白 | 5 克 | 料酒 | 3 毫升 |
| 蒜末 | 5 克 | 食用油 | 适量 |
| 姜片 | 5 克 | | |

## 食材处理

① 将洗净的豆角切成丁。

② 将洗净的红椒切成丁。

③ 将洗好的猪瘦肉剁成肉末。

④ 锅中加清水烧开，加少许盐、食用油。

⑤ 倒入豆角，煮约1分钟至熟。

⑥ 将煮好的豆角捞出备用。

## 做法演示

① 用油起锅，倒入姜片、蒜末、葱白爆香。

② 倒入肉末，翻炒至变白。

③ 加料酒炒匀。

④ 倒入豆角、橄榄菜、红椒丁。

⑤ 翻炒至熟透。

⑥ 加入剩余盐、味精、鸡精炒匀调味。

⑦ 加水淀粉勾芡。

⑧ 拌炒均匀。

⑨ 盛出装盘即可。

## 食物相宜

### 增强免疫力

猪瘦肉

+

鸡蛋

### 补充钙质

猪瘦肉

+

黄豆

### 增强体力

猪瘦肉

+

青椒

# 梅菜扣肉

⏰ 3小时　　✂ 促进食欲

⚖ 咸　　☺ 一般人群

　　梅菜扣肉，是一道无论你是否喜欢吃肥肉，都可以吃上几口的硬菜，也是春节餐桌上的常见菜。它口味咸鲜，肉质软烂，肥而不腻，且梅菜香味浓郁。与一般做法不同，这道菜中还加入了豆豉、辣椒等湘味调料，使其颜色酱红鲜亮，汤汁黏稠鲜美，配上一碗米饭，感觉好极了。

| 材料 | | 调料 | |
|---|---|---|---|
| 五花肉 | 600克 | 盐 | 3克 |
| 梅干菜 | 200克 | 味精 | 1克 |
| 姜片 | 5克 | 鸡精 | 1克 |
| 姜末 | 5克 | 蚝油 | 5毫升 |
| 蒜 | 5克 | 料酒 | 5毫升 |
| 八角 | 适量 | 老抽 | 3毫升 |
| 桂皮 | 适量 | 白酒 | 适量 |
| 豆豉 | 适量 | 食用油 | 适量 |

❶ 将五花肉放入清水中洗净。

❷ 将梅干菜放入清水中浸泡 10 分钟，洗净取出并拧干水分。

❸ 将梅干菜切成 1 厘米长的段。

做法演示

❶ 五花肉放入注水的锅中，加盖煮熟。

❷ 取出煮熟的五花肉，用毛巾吸干水分。

❸ 趁热将五花肉肉皮抹上白酒，再用老抽抹匀上色，用牙签在五花肉上扎若干小孔。

❹ 热油锅中垫上竹垫，放入五花肉，盖上锅盖。

❺ 慢火炸约 3 分钟，至枣红色且呈锅巴状取出。

❻ 锅留底油，放入姜片、八角、桂皮、蒜、豆豉炒片刻，加少许盐、料酒、老抽、味精拌匀。

❼ 注入清水，大火烧约 15 分钟制成卤水。

❽ 将五花肉放入卤水中，加盖煮 10 分钟。

❾ 取出五花肉，放入盘中放凉备用。

❿ 另起锅注油烧热，入少许的盐、味精、鸡精，剩余的料酒、老抽、蚝油和少许水熬成味汁。

⓫ 将味汁盛出，五花肉切片，蘸匀味汁，整齐扣入碗中。

⓬ 取净锅，热油，倒入梅干菜，加剩余盐、味精、蚝油、鸡精翻炒入味，盛入碗中备用。

⓭ 将梅干菜塞满扣肉边缘，淋上味汁。

⓮ 将做好的扣肉放入蒸锅加盖蒸 2 小时。

⓯ 揭盖，取出蒸好的扣肉。

⓰ 最后，将扣肉倒扣入盘内即可。

# 干豆角蒸五花肉

🕐 17分钟　　✖ 促进食欲
△ 咸　　　　　☺ 一般人群

食无定味，适口者珍。干菜有着不可替代的风味和口感，干豆角就是在秋天把扁豆晾晒而成的干菜。干豆角较吸油，油少了不好吃，所以特别适合和五花肉搭配烹制。蒸制之后，干菜吸收了五花肉的油脂，丰富了口味和营养，而五花肉则没有了油腻的口感，绝对是完美的结合。

**材料**

| | |
|---|---|
| 水发干豆角 | 200克 |
| 五花肉 | 300克 |
| 葱花 | 5克 |

**调料**

| | |
|---|---|
| 盐 | 3克 |
| 料酒 | 5毫升 |
| 味精 | 1克 |
| 生抽 | 3毫升 |
| 淀粉 | 适量 |
| 蚝油 | 5毫升 |
| 香油 | 适量 |
| 食用油 | 少量 |

❶ 将干豆角洗净，切段。

❷ 将五花肉洗净，切片。

❸ 将干豆角装入盘中，加入油、少许盐，拌匀浸渍片刻。

❹ 将切好的肉片装入盘中，倒入料酒。

❺ 加入剩余盐、味精、生抽、蚝油，抓匀。

❻ 将少许腌渍好的豆角倒入装有五花肉的碗中拌匀。

❼ 倒入淀粉，搅匀，淋入少许香油。

❽ 拌匀，腌渍 10 分钟左右。

❾ 将剩余干豆角铺平盘底，摆入五花肉片。

## 做法演示

❶ 放入蒸锅。

❷ 加盖，中火蒸 15 分钟至五花肉和干豆角熟烂。

❸ 揭盖，取出。

❹ 浇上少许热油。

❺ 撒上葱花即可。

## 食物相宜

### 保持营养均衡

猪肉

香菇

### 消食除胀

猪肉

白萝卜

# 板栗红烧肉

⏱ 6分钟　　✖ 增强免疫力
🔥 咸　　　😊 男性

关于什么样的红烧肉最好吃，每个人心中都有自己的答案。在秋天到来的时候，天气转凉，丰收的板栗分外惹人爱。板栗还是五花肉的好搭档，肉烧得软烂，板栗粉粉甜甜的，怎一个"香"字了得。香味一阵阵扑面而来，非常适合用来贴秋膘。

| 材料 | | 调料 | |
|---|---|---|---|
| 猪肉 | 300克 | 糖色 | 适量 |
| 板栗 | 100克 | 料酒 | 5毫升 |
| 姜片 | 5克 | 老抽 | 3毫升 |
| 蒜 | 5克 | 食用油 | 适量 |
| 八角 | 5克 | | |
| 葱段 | 5克 | | |

## 食材处理

❶ 将洗好的猪肉切成块。

❷ 热锅注油，烧至四成热，倒入已去壳洗好的板栗。

❸ 炸约2分钟至熟，捞出。

## 做法演示

❶ 锅留底油，倒入猪肉炒至出油。

❷ 倒入洗好的八角、姜、蒜。

❸ 倒入糖色拌炒均匀。

❹ 加料酒、老抽。

❺ 快速拌均匀。

❻ 倒入板栗。

❼ 加入适量清水。

❽ 加盖焖煮2分钟至入味。

❾ 揭盖倒入葱段。

❿ 翻炒均匀。

⓫ 盛入盘中即可。

## 食物相宜

### 养胃益气

猪肉

芋头

### 健脾益气

猪肉

土豆

### 增强免疫力

猪肉

+

豆腐

# 韭菜花炒腊肉

| ⏰ 3分钟 | ✖ 促进食欲 |
|---|---|
| 🔺 辣 | ☺ 男性 |

　　韭菜花与很多食材都能搭配出美味的下饭菜，而腊肉是湘菜名副其实的主角。当韭菜花遇到腊肉，韭菜花特有的香味第一时间与腊肉的烟熏风味融合，香味从炒锅中阵阵散发，轻松就能将每个人的注意力吸引过来。韭菜花炒腊肉吃起来软嫩与韧劲相交织，口感相当丰富。

| 材料 | | 调料 | |
|---|---|---|---|
| 熟腊肉 | 200 克 | 盐 | 3 克 |
| 韭菜花 | 300 克 | 味精 | 1 克 |
| 朝天椒 | 30 克 | 料酒 | 5 毫升 |
| 蒜 | 10 克 | 大豆油 | 适量 |

❶ 将腊肉切片。

❷ 将韭菜花洗净切段。

❸ 将蒜切末。

❹ 将朝天椒切碎。

## 做法演示

❶ 用大豆油起锅。

❷ 倒入腊肉。

❸ 翻炒至出油。

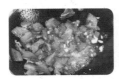

❹ 加入朝天椒、蒜末。

❺ 炒至香味散出，倒入韭菜花。

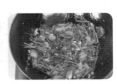

❻ 加盐、味精翻炒至熟，淋入少许料酒，拌炒均匀。

❼ 出锅装盘即成。

---

**养生常识**

★ 腊肉中磷、钾、钠的含量丰富，还含有脂肪、蛋白质、胆固醇、碳水化合物等营养素。

★ 高脂血症、高血糖、高血压等慢性疾病患者和老年人，应该少食或不食腊肉。

---

**食物相宜**

**防治便秘**

韭菜花

+

豆腐

**增强免疫力**

韭菜花

+

鸡蛋

**排毒瘦身**

韭菜花

+

黄豆芽

# 苦瓜炒腊肉

⏱ 3分钟    ✂ 清热解毒

🔥 苦    ☺ 女性

    腊肉和很多蔬菜都能搭配起来，无论是韭菜花还是苦瓜，都堪称完美。苦瓜是一种常见的蔬菜，以其味苦和清热解毒、降火消暑、清心明目的功效著称。苦瓜性寒，其营养价值较高，加上其消炎退热、降脂减肥的功用，足可弥补腊肉高脂肪、低营养的不足。

| 材料 | | 调料 | |
|------|------|------|------|
| 苦瓜 | 200 克 | 盐 | 3 克 |
| 腊肉 | 150 克 | 味精 | 1 克 |
| 红椒 | 15 克 | 白糖 | 2 克 |
| 蒜末 | 5 克 | 辣椒酱 | 适量 |
| 姜片 | 5 克 | 水淀粉 | 适量 |
| 葱白 | 5 克 | 料酒 | 5 毫升 |
| | | 淀粉 | 适量 |
| | | 食用油 | 适量 |

## 食材处理

❶ 将处理好洗净的苦瓜切成片。

❷ 将洗净的红椒切片。

❸ 将腊肉洗净，切片。

❹ 在锅中注入清水烧开，倒入腊肉汆煮。

❺ 煮沸后捞出。

❻ 往锅中加入淀粉。

❼ 倒入苦瓜，煮沸后捞出。

## 做法演示

❶ 用油起锅，倒入蒜末、姜片、葱白、红椒。

❷ 倒入腊肉和苦瓜。

❸ 加入料酒，炒匀。

❹ 加入盐、味精、白糖、辣椒酱，翻炒1分钟至熟透。

❺ 加水淀粉勾芡，淋入熟油拌匀。

❻ 将做好的菜盛入盘内即可。

## 食物相宜

### 增强免疫力

苦瓜

+

洋葱

### 延缓衰老

苦瓜

+

茄子

# 腊肉炒圆白菜

| | |
|---|---|
| 🕐 4 分钟 | ✖ 增强免疫力 |
| △ 鲜 | ☺ 一般人群 |

　　腊肉炒圆白菜是一道别致的家常小炒，平常生活中实惠的家常小炒是每个家庭的主打菜肴，也都会随着自家的口味，将不同的食材搭配出自家人爱吃的味道。圆白菜维生素含量很高，同时富含膳食纤维，可促进肠胃蠕动，有助于排毒，能让身体保持年轻活力，非常适合烹制家常小炒。

| 材料 | | 调料 | |
|---|---|---|---|
| 圆白菜 | 250 克 | 盐 | 2 克 |
| 腊肉片 | 160 克 | 味精 | 1 克 |
| 蒜片 | 25 克 | 料酒 | 5 毫升 |
| 红椒片 | 25 克 | 食用油 | 适量 |
| 姜片 | 5 克 | | |
| 葱段 | 5 克 | | |

## 食材处理

❶ 将圆白菜洗净切片。

❷ 锅加清水烧开，入腊肉煮熟，捞出腊肉。

❸ 锅中加入清水烧开，加少许盐、圆白菜，焯至断生，捞出备用。

## 做法演示

❶ 热锅注油，倒入腊肉炒香。

❷ 放入姜片、葱段、蒜片炒匀。

❸ 倒入圆白菜翻炒片刻。

❹ 放入红椒片炒熟，加剩余盐。

❺ 放入味精、料酒调味，翻炒均匀。

❻ 装盘即成。

### 小贴士

❂ 腊肉本身很咸，如果在这道菜中，腊肉片放得很多，那么可以少放或不放盐和味精。

❂ 腊肉汆水的好处是去掉重咸味和去除一部分多余的油脂。

❂ 如果在这道菜中加入白胡椒粉和辣椒丝，能使菜的味道更加鲜美。

## 食物相宜

### 补充营养

圆白菜

**+**

猪肉

### 益气生津

圆白菜

**+**

西红柿

### 养生常识

★ 圆白菜富含维生素 C，能加速创面愈合，是胃溃疡患者的有效补益蔬菜。

★ 腊肉是腌制食品，不要多吃。

# 茭白炒腊肉

| | | | |
|---|---|---|---|
| 🕐 4分钟 | ❌ 增强免疫力 |
| △ 辣 | 😊 一般人群 |

茭白炒腊肉是一道地道的湖南下饭小菜，鲜嫩的茭白白白胖胖的煞是惹人喜爱，腊肉的独特味道和口感同样令人食指大动。经过简单的烹炒，腊肉香香的、油油的，配上点茭白和红椒，红里面带着白色，既好吃又好看。

### 材料

| | |
|---|---|
| 茭白 | 200 克 |
| 腊肉 | 150 克 |
| 青椒 | 15 克 |
| 红椒 | 15 克 |
| 蒜末 | 5 克 |
| 姜片 | 5 克 |
| 葱白 | 5 克 |

### 调料

| | |
|---|---|
| 盐 | 2 克 |
| 味精 | 1 克 |
| 水淀粉 | 适量 |
| 料酒 | 5 毫升 |
| 蚝油 | 5 毫升 |
| 食用油 | 适量 |

## 食材处理

❶ 将洗净的茭白切片。

❷ 将洗好的腊肉切片。

❸ 将洗净的红椒切片。

❹ 将洗净的青椒切片。

❺ 锅中注入清水烧开，加入少许盐、食用油。

❻ 锅中倒入茭白。

❼ 煮沸后捞出茭白。

❽ 倒入腊肉，煮沸后捞出。

## 做法演示

❶ 热锅注油，入蒜末、姜片、葱白、青椒、红椒炒香。

❷ 向锅中倒入腊肉炒香。

❸ 倒入茭白，翻炒约1分钟至熟。

❹ 加料酒、剩余盐、味精、蚝油调味，加水淀粉勾芡。

❺ 将勾芡后的菜翻炒匀。

❻ 盛入盘内即可。

## 食物相宜

### 增强免疫力

茭白

**+**

鸡肉

### 益气宽中

茭白

**+**

蘑菇

### 养生常识

★ 茭白甘寒，性滑利，既能利尿除湿，辅助治疗四肢浮肿、小便不利等症，又能清暑、除烦、止渴。茭白在夏季食用尤为适宜，可清热通便，还能解除酒毒，治酒醉不醒。

# 干豆角炒腊肉

🕐 3分钟　✖ 开胃消食
🔥 辣　　☺ 一般人群

　　新鲜豆角一年四季都有，可是干豆角却有不可替代的风味和口感。用干豆角炒腊肉，腊肉的香味渗透到干豆角中，味道立刻丰富起来，细细品味似乎还带着太阳的味道。这道菜跟烧肉、炖肉相比，干香、咸鲜、微辣，风味独特，下饭更是一流。

**材料**

| | |
|---|---|
| 熟腊肉 | 150 克 |
| 水发干豆角 | 200 克 |
| 蒜末 | 15 克 |
| 辣椒末 | 15 克 |
| 葱花 | 5 克 |

**调料**

| | |
|---|---|
| 盐 | 3 克 |
| 味精 | 1 克 |
| 辣椒油 | 适量 |
| 料酒 | 5 毫升 |
| 食用油 | 适量 |

## 食材处理

① 将熟腊肉切成片。

② 将洗好的干豆角切成段。

## 做法演示

① 热锅注油，倒入腊肉炒出油。

② 倒入辣椒末、蒜末和少许葱花爆香。

③ 加料酒拌匀。

④ 倒入干豆角，炒约2分钟至熟透。

⑤ 加入盐、味精拌匀调味。

⑥ 淋入辣椒油拌匀。

⑦ 撒入剩余的葱花拌炒匀。

⑧ 盛入盘中即成。

## 食物相宜

促进消化

腊肉

＋

青椒

### 养生常识

★ 干豆角常常选用豇豆为原料制成，明代医学家李时珍曾称赞长豆角能够"理中益气、补肾健胃、和五脏、调营卫、生精髓"。所谓"营卫"，就是中医所说的营卫二气，调整好了，可充分保证人的睡眠质量。

### 小贴士

✿ 干豆角在烹饪之前要泡发透。

✿ 煸炒腊肉的时候要快，以免炒糊。

# 藠苗炒腊肉

| ⏱ 4分钟 | ✂ 开胃消食 |
| 🔺 咸 | ☺ 男性 |

　　藠头是湖湘地区不甚起眼的蔬菜，既没有亮丽的外表，更缺乏许多深厚的内涵，却稀有且香味独特，丰富了人们多姿多彩的生活。湖南人爱吃腊肉，提起藠苗炒腊肉没有人不知道。这道菜因为加入了藠苗而变得特别起来，香辣可口，诱惑实在挡不住。

## 材料

| | | | | |
|---|---|---|---|---|
| 藠苗 | 200克 | | | |
| 红椒 | 15克 | | | |
| 腊肉 | 300克 | | | |
| 葱白 | 5克 | | | |
| 姜片 | 5克 | | | |
| 蒜末 | 5克 | | | |

## 调料

| | |
|---|---|
| 盐 | 3克 |
| 味精 | 1克 |
| 生抽 | 3毫升 |
| 料酒 | 5毫升 |
| 水淀粉 | 适量 |
| 食用油 | 适量 |

❶ 把洗净的蒿苗切成段。

❷ 将红椒洗净去蒂，对半剖开，切段后切丝。

❸ 将腊肉洗净切成薄片。

## 做法演示

❶ 用油起锅，放入腊肉炒出油。

❷ 舀出少许被炒出来的油。

❸ 放入葱白、蒜末和姜片。

❹ 倒入切好备用的红椒丝。

❺ 加入生抽、料酒炒香。

❻ 倒入蒿苗翻炒匀，直至入味。

❼ 淋入适量水淀粉勾芡，加盐、味精炒匀调味。

❽ 在锅中翻炒片刻，直至香味溢出。

❾ 出锅装盘即可。

## 食物相宜

**开胃消食**

腊肉

豆豉

### 养生常识

★ 蒿性温，味辛、苦，富含糖、蛋白质、钙、磷、铁、胡萝卜素、维生素C等多种营养物质，是烹调佐料和佐餐佳品。

★ 干制蒿入药可健胃、助消化。

## 小贴士

✪ 选购腊肉时，应该选择外表干爽、没有异味或酸味、肉色鲜明的腊肉。如果瘦肉部分呈现黑色、肥肉呈现深黄色，表示已经超过保质期，不宜购买。

# 萝卜干炒腊肉

🕐 2分钟　　✖ 促进食欲
🔲 咸香　　😊 一般人群

　　这是一道超级下饭菜，腊肉和萝卜干炒在一起也算是一个绝配，萝卜干吸收了腊肉的油脂更加香脆可口，腊肉煸过之后不再油腻，反而更有韧劲，真是让人胃口大开、欲罢不能。萝卜干炒腊肉看似平凡，但只要吃一口就让人停不下来。

| 材料 | | 调料 | |
|---|---|---|---|
| 萝卜干 | 150 克 | 盐 | 2 克 |
| 腊肉 | 200 克 | 味精 | 1 克 |
| 干辣椒 | 3 克 | 辣椒酱 | 适量 |
| 姜片 | 5 克 | 料酒 | 5 毫升 |
| 蒜末 | 5 克 | 食用油 | 适量 |
| 葱白 | 5 克 | | |

## 食材处理

① 将洗净的萝卜干切成 2 厘米长段。

② 将洗净的腊肉切成片。

③ 锅中加清水烧开，放入萝卜干、食用油拌匀。

④ 煮沸后捞出。

⑤ 倒入腊肉，搅散。

⑥ 煮沸后捞出。

## 做法演示

① 用油起锅，入干辣椒、姜片、蒜末、葱白爆香。

② 倒入腊肉炒匀。

③ 淋入料酒炒香。

④ 倒入萝卜干翻炒约 1 分钟至熟。

⑤ 加盐、味精。

⑥ 倒入辣椒酱，炒匀调味。

⑦ 继续翻炒片刻至充分入味。

⑧ 盛出装盘即可。

## 养生常识

★ 萝卜干含有一定数量的糖、蛋白质、胡萝卜素、抗坏血酸等营养成分，以及钙、磷等人体不可缺少的矿物质，具有降血脂、降血压、开胃、清热生津、防暑、消油腻、化痰、止咳等作用。

## 食物相宜

### 清肺热、治咳嗽

萝卜干

紫菜

### 促进营养物质吸收

萝卜干

豆腐

### 补五脏、益气血

萝卜干

牛肉

# 红菜薹炒腊肉

| | |
|---|---|
| 🕐 2分钟 | ✂ 开胃消食 |
| 🔺 咸 | 😊 男性 |

　　紫叶红薹，黄花绿苞，晶莹透明的腊肉，浓厚的湘楚乡土风味就这么简单地浓缩在一盘家常菜里。红菜薹是产于湖北、湖南地区的一种蔬菜，营养很丰富。立冬过后，家家户户的餐桌上都少不了红菜薹炒腊肉。

| 材料 | | 调料 | |
|---|---|---|---|
| 红菜薹 | 400克 | 盐 | 2克 |
| 腊肉 | 200克 | 味精 | 1克 |
| 蒜末 | 10克 | 料酒 | 5毫升 |
| 葱段 | 10克 | 水淀粉 | 适量 |
| 姜片 | 5克 | 食用油 | 适量 |

## 食材处理

❶ 把洗净的红菜薹的菜梗切开，再切成段。

❷ 将洗净的腊肉切成片。

❸ 锅中注水，放入腊肉煮开。捞出沥干，备用。

## 做法演示

❶ 热锅注油，倒入蒜末、葱段、姜片爆香。

❷ 放入腊肉炒匀。

❸ 倒入红菜薹炒匀。

❹ 淋入料酒炒香，加盐、味精调味。

❺ 注入少许清水，炒至红菜薹熟透。

❻ 倒入水淀粉炒匀。

❼ 出锅装盘即成。

## 小贴士

✿ 菜薹用手掐断，与用刀切相比，炒出的菜风味会有不同。

✿ 菜薹炒至八分熟时脆嫩可口，不习惯的也可多炒几分钟。

### 养生常识

★ 红菜薹色泽艳丽、品质脆嫩、营养丰富，含有钙、磷、铁、胡萝卜素、抗坏血酸等成分。仅就维生素 C 而言，红菜薹含量比大白菜、小白菜等都高。

## 食物相宜

### 促进食欲

红菜薹

腊肉

### 增强免疫力

红菜薹

豆腐干

### 健脾养胃

红菜薹

鸡肉

# 尖椒炒腊肉

🕐 3分钟　　✗ 开胃消食
🌡 辣　　　　☺ 一般人群

　　尖椒炒腊肉是一道经典湘菜，浓香鲜美，风味独特。这道美食，在大火快炒的烹调下，腊肉中的咸香逐渐地渗入尖椒当中，而尖椒中的清香也融入腊肉之中，让整个菜肴变得味道十足。

| 材料 | | 调料 | |
|---|---|---|---|
| 腊肉 | 200克 | 蚝油 | 5毫升 |
| 尖椒 | 50克 | 料酒 | 5毫升 |
| 姜片 | 5克 | 水淀粉 | 适量 |
| 蒜末 | 5克 | 食用油 | 适量 |

## 食材处理

❶ 将洗净的腊肉切成片，洗净的尖椒切小片。

❷ 锅中倒入适量清水烧开，倒入腊肉。

❸ 煮沸后捞出沥水。

## 做法演示

❶ 油锅烧热，倒入腊肉翻炒香。

❷ 倒入尖椒炒匀，再倒入姜片、蒜末，翻炒均匀。

❸ 淋入料酒提鲜。

❹ 倒入蚝油调味。

❺ 炒至入味。

❻ 用水淀粉勾芡。

❼ 用小火翻炒均匀。

❽ 盛入盘中即可。

## 小贴士

✿ 低温、干燥的环境更适合腊肉保存。腊肉的保质期一般为 3~6 个月。根据腊肉本身所含水量、周围温度和湿度的不同，其保质期也不同，如超过 6 个月，质量很难保证。

## 食物相宜

### 提高食欲
### 促进消化

腊肉

泥蒿

### 促进食欲

腊肉

+

青蒜

## 养生常识

★ 辣椒含有丰富的维生素 C，可以控制冠状动脉硬化，降低胆固醇。

★ 辣椒具有强烈的促进血液循环的作用，可以改善怕冷、冻伤、血管性头痛等症状。

★ 辣椒性热，咳嗽、风热感冒时不宜食辣椒。

# 蒜薹炒腊肠

🕐 2分钟　　✖ 促进食欲
🔖 辣　　　　☺ 男性

　　鲜嫩清香的蒜薹，搭配咸甜而有嚼劲的腊肠，让这道菜口感更丰富，盛上一勺拌着米饭吃，能让你不知不觉吃下一大碗饭。这道蒜薹炒腊肠是操作简单的快手菜，洗洗切切，只要几分钟爆炒，就会散发出满屋香气，闻着，浑身的疲惫都散去了一大半。

**材料**

| | |
|---|---|
| 蒜薹 | 200克 |
| 腊肠 | 100克 |
| 红椒 | 15克 |

**调料**

| | |
|---|---|
| 盐 | 2克 |
| 味精 | 1克 |
| 料酒 | 5毫升 |
| 食用油 | 适量 |

❶ 将蒜薹洗净，切段。

❷ 将腊肠切片；红椒洗净，去籽切丝。

❸ 热锅注油，放入腊肠滑油。

❹ 捞出腊肠备用。

❺ 放入蒜薹滑油。

❻ 捞起蒜薹备用。

## 做法演示

❶ 锅底留油，放入红椒丝。

❷ 放入蒜薹翻炒片刻。

❸ 倒入腊肠继续翻炒。

❹ 加味精、盐、料酒调味。

❺ 翻炒入味。

❻ 装入盘中即成。

## 小贴士

☺ 如果腊肠放置很久了，烹饪前先把腊肠放清水中浸泡数小时。

☺ 如果怕把蒜薹炒老，在炒之前可以先焯水。

### 养生常识

★ 蒜薹性温，具有温中下气、补虚、调和脏腑、防癌、杀菌的作用，对腹痛、腹泻有一定疗效。

★ 蒜薹外皮含有丰富的膳食纤维，可刺激大肠排便，调治便秘。多食用蒜薹，能预防痔疮的发生，降低痔疮的复发次数，并对轻中度痔疮有一定的治疗效果。

## 食物相宜

### 预防牙龈出血

蒜薹

+

生菜

### 缓解疲劳

蒜薹

+

猪肝

### 降低血脂

蒜薹

+

黑木耳

# 腊肠炒年糕

🕐 6分钟　　❌ 增强免疫力
🧂 咸　　😊 男性

　　年糕有很多种吃法，这道用腊肠炒的年糕，腊肠咸香，年糕软糯。也可以把腊肠换成腊肉或者其他食材，变化出自己的做法。美食制作需要创新和改变，有时候一点点小的变化就能创造出不同的味觉体验。烹饪艺术的关键在于食材之间的搭配，就像腊肠与年糕。

## 材料

| | |
|---|---|
| 腊肠 | 100克 |
| 年糕 | 200克 |
| 葱段 | 5克 |
| 葱白 | 5克 |
| 红椒丝 | 20克 |
| 蒜末 | 5克 |

## 调料

| | |
|---|---|
| 盐 | 3克 |
| 味精 | 1克 |
| 料酒 | 5毫升 |
| 水淀粉 | 适量 |
| 食用油 | 适量 |

## 食材处理

❶ 将洗好的年糕切成块。

❷ 将洗净的腊肠切成片。

❸ 锅中加清水烧开，倒入年糕。煮约4分钟至熟软后捞出备用。

## 做法演示

❶ 起油锅，倒入葱白、蒜末、红椒丝。

❷ 倒入腊肠炒香。

❸ 倒入年糕，加入料酒炒匀。

❹ 加入盐、味精，炒匀调味。

❺ 倒入水淀粉勾芡。

❻ 撒入葱段炒匀。

❼ 盛出装盘即可。

## 小贴士

❂ 优质的腊肠脂肪雪白、条纹均匀、不含杂质；腊衣紧贴、紧致有韧劲、弯曲有弹性；切面肉质光滑无空洞、无杂质、肥瘦分明。

❂ 年糕的烹饪方法南北不同，北方年糕有蒸、炸两种，均为甜味；南方年糕除蒸、炸外，尚有切片炒和煮汤等法，味道甜咸皆有。

### 养生常识

★ 年糕含有蛋白质、脂肪、碳水化合物、烟酸、钙、磷、钾、镁等营养素，有强身祛病的作用。

## 食物相宜

### 营养均衡

腊肠

+

大米

### 促进食欲

腊肠

+

西红柿

### 促进食欲

腊肠

+

南瓜

# 泥蒿炒腊肠

🕐 5分钟　　❌ 开胃消食
△ 咸　　　　☺ 一般人群

　　"蒌蒿满地芦芽短，正是河豚欲上时"这句诗里的"蒌蒿"就是指泥蒿。泥蒿清香鲜美，脆嫩可口，是不可多得的保健野菜。泥蒿与腊肠搭配炒制成菜，腊肠的独有香味把清新的泥蒿香带到舌尖，泥蒿的特殊香气由舌尖转到味蕾，瞬间抓住了你的胃。

**材料**

| 泥蒿 | 200 克 |
| 腊肠 | 100 克 |
| 姜片 | 5 克 |
| 蒜末 | 5 克 |
| 葱段 | 5 克 |

**调料**

| 料酒 | 5 毫升 |
| 盐 | 2 克 |
| 味精 | 2 克 |
| 水淀粉 | 适量 |
| 食用油 | 适量 |

❶ 把洗净的腊肠切成斜片。

❷ 将洗净的泥蒿切成段。

## 做法演示

❶ 热锅注油，入姜片、蒜末、葱段，煸炒出香味。

❷ 倒入腊肠炒出油。

❸ 倒入泥蒿。

❹ 翻炒至断生。

❺ 加料酒、盐、味精调味。

❻ 淋入少许熟油炒至熟透。

❼ 倒入水淀粉勾芡。

❽ 翻炒均匀。

❾ 出锅装盘即成。

**食物相宜**

消除疲劳

泥蒿

＋

豆干

益气强身、
补血补铁

泥蒿

＋

莲藕

**小贴士**

✪ 如果选用的腊肠瘦肉较多，肥肉较少，为避免腊肠炒得很柴，宜先把腊肠蒸熟再炒；如果肥肉多，只需略炒就行。

**养生常识**

★ 泥蒿以鲜嫩茎秆供食用，其嫩茎中含有蛋白质、钙、铁、胡萝卜素、维生素C、天门冬氨酸、谷氨酸、赖氨酸等营养素，具有清热平肝、预防牙痛、喉痛和便秘等作用。

# 芹菜胡萝卜炒猪心

| ⏰ 4分钟 | ✖️ 防癌抗癌 |
|---|---|
| 🔺 鲜 | 🙂 男性 |

只要用心，生活总会给自己一些惊喜。这道芹菜胡萝卜炒猪心做出来就给人惊喜，有荤有素，红绿相间，吃起来口感丰富，也十分营养。芹菜、胡萝卜、猪心都非常常见，却有着十分丰富的营养，对于高血压、动脉硬化、糖尿病、缺铁性贫血等多种疾病都有着较好的调养作用。

## 材料

| 猪心 | 200 克 |
|---|---|
| 芹菜 | 80 克 |
| 胡萝卜 | 80 克 |
| 青椒 | 20 克 |
| 蒜末 | 5 克 |
| 姜片 | 5 克 |

## 调料

| 盐 | 3 克 |
|---|---|
| 味精 | 1 克 |
| 料酒 | 5 毫升 |
| 淀粉 | 适量 |
| 鸡精 | 1 克 |
| 水淀粉 | 适量 |
| 食用油 | 适量 |

❶ 将洗好的芹菜切成段。

❷ 将已去皮洗净的胡萝卜切丝。

❸ 将洗净的青椒切成丝。

❹ 把洗净的猪心切成片。

❺ 猪心加少许料酒、少许盐、少许味精、淀粉拌匀，腌渍10分钟。

❻ 锅中入清水烧开，放入少许盐、食用油、胡萝卜丝。

❼ 煮沸后捞出胡萝卜丝。

❽ 倒入猪心，汆煮片刻去除血水，捞出。

## 做法演示

❶ 热锅注油烧热，加入蒜末、姜片和猪心炒香。

❷ 倒入芹菜、青椒、胡萝卜，炒1分钟至熟透。

❸ 加入剩余料酒、剩余盐、剩余味精、鸡精调味。

❹ 加入水淀粉勾芡。

❺ 淋入熟油拌匀。

❻ 盛入盘内即可。

### 开胃消食

胡萝卜

＋

香菜

### 通便排毒

胡萝卜

＋

菠菜

### 保护视力

胡萝卜

＋

豆腐

# 绿豆芽炒猪心

| ⏱ 5分钟 | ✖ 增强免疫力 |
|---|---|
| ▱ 咸 | ☺ 老年人 |

　　绿豆芽和猪心是超乎想象的搭配，拥有意想不到的味道和口感。集快手、下饭、简单、营养于一体的绿豆芽炒猪心是一道很有特色的南方家常菜，此菜清新爽口，而且有清心养心的作用，尤其适合夏季食用。

## 材料

| | | |
|---|---|---|
| 绿豆芽 | 100 克 | |
| 猪心 | 250 克 | |
| 青椒片 | 20 克 | |
| 红椒片 | 20 克 | |
| 蒜末 | 5 克 | |
| 姜片 | 5 克 | |
| 葱段 | 5 克 | |

## 调料

| | |
|---|---|
| 盐 | 3 克 |
| 味精 | 1 克 |
| 料酒 | 5 毫升 |
| 淀粉 | 适量 |
| 鸡精 | 1 克 |
| 老抽 | 3 毫升 |
| 水淀粉 | 适量 |
| 食用油 | 适量 |

## 食材处理

❶ 将洗好的猪心切成片。

❷ 加少许盐、少许味精、少许料酒、少许淀粉腌渍10分钟。

## 做法演示

❶ 用油起锅，入绿豆芽、少许盐、味精、鸡精、老抽炒1分钟。

❷ 加少许水淀粉勾芡，盛入盘中。

❸ 热锅注油，倒入蒜末、姜片、青椒、红椒。

❹ 倒入猪心。

❺ 加入剩余料酒炒香，加入剩余盐、味精、鸡精。

❻ 加入剩余老抽拌炒约2分钟至熟。

❼ 加入剩余水淀粉勾芡。

❽ 撒入葱段拌匀。

❾ 盛放在绿豆芽上即成。

## 小贴士

✿ 在烹调绿豆芽时油、盐不宜放太多，要尽量保持其清淡的性味和爽口的特点。绿豆芽下锅后要迅速翻炒，适当加些醋，才能保存水分及维生素C，口感更好。

## 食物相宜

**缓解神经衰弱**

猪心

+

胡萝卜

**增强免疫力**

猪心

+

青椒

### 养生常识

★ 中医认为，绿豆芽性凉，味甘，不仅能清暑热、通经脉、解诸毒，还能利尿、消肿、调五脏、美肌肤、利湿热、降血脂和软化血管，是适合肥胖者进食的蔬菜之一。

# 青椒炒猪心

- 🕐 4分钟
- 🧂 咸
- ✖ 增强免疫力
- 🙂 一般人群

　　青椒炒猪心是一道带有湖南风味的家常小炒，鲜嫩的猪心配上香辣爽口的青椒，简简单单就可以做出一道色泽鲜艳、肉香浓郁、爆香味辣、令人胃口大开的菜肴了。

## 材料

| | |
|---|---|
| 猪心 | 200克 |
| 青椒 | 45克 |
| 红椒 | 20克 |
| 姜片 | 5克 |
| 蒜片 | 5克 |

## 调料

| | |
|---|---|
| 盐 | 3克 |
| 味精 | 2克 |
| 蚝油 | 3毫升 |
| 水淀粉 | 10毫升 |
| 葱油 | 适量 |
| 料酒 | 5毫升 |
| 食用油 | 适量 |

❶ 将洗净的猪心切成片。

❷ 将洗好的青椒去籽，切片。

❸ 将洗净的红椒去籽，切成片，装入盘中备用。

❹ 将切好的猪心装入碗中。

❺ 加入料酒、少许盐、水淀粉。

❻ 用筷子拌匀，腌渍10分钟。

## 做法演示

❶ 热锅注油，倒入腌渍好的猪心翻炒。

❷ 加姜片、蒜片炒香。

❸ 倒入青椒、红椒翻炒至熟。

❹ 加入剩余盐、味精、蚝油，炒匀调味。

❺ 用水淀粉勾芡。

❻ 淋入葱油拌匀。

❼ 转中火，翻炒片刻至入味。

❽ 出锅装入盘中即可食用。

## 养生常识

★ 青椒特有的味道有刺激唾液分泌的作用。另外，它所含的辣椒素能增进食欲、帮助消化、防止便秘。

★ 眼疾、食管炎、胃肠炎、胃溃疡、痔疮患者应少食或忌食青椒。

## 食物相宜

### 开胃

青椒

鳝鱼

### 美容养颜

青椒

+

苦瓜

### 降低血压

青椒

+

空心菜

# 雪菜猪大肠

🕐 4分钟　　✂ 促进食欲

🔥 辣　　　　☺ 男性

　　雪菜大肠是街边大排档点菜率很高的风味美食小炒。吃着酸辣的猪大肠，喝着冰爽的啤酒，那叫一个痛快！雪菜或者腌制的芥菜，都是上好的辅料，配上香浓脆嫩的猪大肠，真是绝佳的美食。

| 材料 | | 调料 | |
|---|---|---|---|
| 熟大肠段 | 300 克 | 盐 | 3 克 |
| 腌雪菜 | 100 克 | 鸡精 | 2 克 |
| 姜片 | 5 克 | 味精 | 1 克 |
| 蒜末 | 5 克 | 水淀粉 | 10 毫升 |
| 青椒片 | 20 克 | 生抽 | 3 毫升 |
| 红椒片 | 20 克 | 料酒 | 5 毫升 |
| | | 食用油 | 适量 |

## 做法演示

❶ 热锅注油，倒入姜片、蒜末。

❷ 倒入青椒片、红椒片爆香。

❸ 放入煮熟的大肠，加料酒翻炒至熟。

❹ 加生抽炒匀。

❺ 倒入准备好的腌雪菜炒匀。

❻ 加鸡精、味精、盐炒匀调味。

❼ 倒入水淀粉勾芡。

❽ 翻炒至入味。

❾ 盛出装盘即可。

## 小贴士

⊙ 清洗刚刚买回的生猪大肠时，可以先将猪肠切成段，然后翻开肠的内壁，刮去污物，接着用盐或白矾用力搓擦几遍，用清水反复冲洗，把肠的内外洗净。最后用开水烫一下切成段的猪大肠，再刮洗一次，这样就能把猪大肠洗得很干净。

⊙ 也可将猪大肠放在淡盐、醋混合液中浸泡片刻，摘去脏物，再放入淘米水中泡一会儿，然后在清水中轻轻搓洗几遍即可。

⊙ 将猪大肠切小段洗净，沥干水分，放置冰箱冷藏，1~2天内食用均可。

### 养生常识

★ 猪大肠性寒，味甘，有润燥、补虚、止渴止血、治小便频数等作用，可用于治疗虚弱口渴、脱肛、痔疮、便秘等症。

★ 因猪大肠性寒，所以感冒期间应忌食，脾虚便溏者也忌食。

## 食物相宜

### 增强免疫力

猪大肠

香菜

### 健脾养胃

猪大肠

＋

豆腐

### 补虚健脾

猪大肠

＋

香菇

# 青蒜炒猪血

- ⏱ 4分钟
- ✖ 开胃消食
- 🔥 辣
- 😊 一般人群

　　猪血一直被公认是补血的优品，具有清肠解毒、补血美容的作用。青蒜炒猪血，看起来朴素简单，却有着让人难以抵挡的吸引力。经过烧制的猪血嫩而有韧劲，配上青蒜独特的清香，一口一口品出的都是家的味道，而此时你的思绪一定想飞回到妈妈的身旁。

**材料**

| | |
|---|---|
| 青蒜 | 100 克 |
| 猪血 | 200 克 |
| 干辣椒 | 3 克 |
| 姜片 | 5 克 |
| 蒜末 | 5 克 |

**调料**

| | |
|---|---|
| 盐 | 4 克 |
| 水淀粉 | 10 毫升 |
| 鸡精 | 1 克 |
| 辣椒酱 | 适量 |
| 食用油 | 适量 |
| 料酒 | 适量 |

## 食材处理

❶ 将洗净的青蒜切 3 厘米长段。

❷ 锅中加约 600 毫升清水烧开。

❸ 把猪血切成小方块。

❹ 倒入烧开的热水，浸泡 4 分钟。

❺ 将泡好的猪血捞出装入另一个碗，加少许盐拌匀。

## 做法演示

❶ 起油锅，放入干辣椒、姜片、蒜末、青蒜梗炒香。

❷ 加少许清水，加辣椒酱、剩余盐、鸡精炒匀。

❸ 倒入猪血，加入料酒煮约 2 分钟至熟。

❹ 倒入青蒜叶炒匀。

❺ 加入水淀粉勾芡，再加入少许熟油翻炒均匀。

❻ 盛出装盘即可。

小贴士

☺ 买回来的猪血在使用之前，在开水里烫一下能去除腥味。

☺ 炒猪血时应该用大火，辅以少许料酒去腥。

## 食物相宜

### 润肠通便

猪血

菠菜

### 健胃清肠

猪血

韭菜

### 养生常识

★ 猪血有清肠解毒、补血美容的作用，适宜贫血患者、老人、妇女及从事粉尘、纺织、环卫、采掘等工作的人食用。

# 韭菜花炒猪皮

🕐 4分钟　　✖ 美容养颜
🔺 咸　　　　☺ 女性

　　韭菜花是夏季才有的蔬菜，在闷热的季节里，韭菜花特有的浓香和鲜美总能带给人无限的乐趣。用脆嫩多汁的新鲜韭菜花炒肉是很美味的菜肴，而将肉换成猪皮，就有了不一样的口感。韭菜花炒猪皮口味咸香，猪皮特别有劲道，非常适合想补胶原蛋白的美女们食用。

| 材料 | | 调料 | |
|------|------|------|------|
| 韭菜花 | 100克 | 盐 | 3克 |
| 熟猪皮 | 150克 | 味精 | 1克 |
| 姜片 | 5克 | 水淀粉 | 10毫升 |
| 红椒丝 | 5克 | 料酒 | 5毫升 |
| 蒜末 | 5克 | 食用油 | 适量 |

❶ 将猪皮洗净，切成丝。

❷ 将韭菜花洗净，切成段。

## 做法演示

❶ 用油起锅，放入姜片、蒜末爆香。

❷ 倒入猪皮炒匀。

❸ 淋入料酒炒匀。

❹ 倒入韭菜花，翻炒至熟。

❺ 放入红椒丝。

❻ 加入盐、味精炒匀调味。

❼ 翻炒匀至充分入味，淋入水淀粉勾芡。

❽ 盛出装盘即可。

## 小贴士

✪ 在烹饪猪皮时，一定要先将猪皮上面的毛弄干净，否则，吃入猪毛的口感很不好。

## 食物相宜

### 美容养颜

猪皮

花生

## 养生常识

★ 猪皮味甘，性凉，有滋阴补虚、养血益气的作用，可用于辅助治疗心烦、咽痛、贫血及多种出血性疾病。

★ 猪皮中含有大量的胶原蛋白，能减慢机体细胞衰老，常食用有延缓衰老和抗癌的作用。

★ 猪皮适宜阴虚之人以及心烦、咽痛者食用，也适宜妇女血枯、月经不调者食用。

★ 患有肝脏疾病、动脉硬化、高血压的患者应少食或不食猪皮为好。

# 芋头蒸排骨

⏱ 18 分钟　　🍴 保肝护肾
🧂 咸　　😊 男性

　　人间最美味的往往就是最普通的家常菜，鲜香惹味的芋头蒸排骨，一揭开锅盖，肉骨香、芋头香、香菇香，瞬间弥漫了整个房子，"香溢满屋"一词大概就是这样得来的。这道芋头蒸排骨，排骨的味道鲜美无比，芋头也是香浓至极，每一口都是幸福的味道。

| 材料 | | 调料 | |
|---|---|---|---|
| 芋头 | 150 克 | 盐 | 3 克 |
| 排骨 | 200 克 | 味精 | 1 克 |
| 水发香菇 | 15 克 | 白糖 | 2 克 |
| 葱末 | 5 克 | 料酒 | 5 毫升 |
| 姜末 | 5 克 | 豉油 | 适量 |
| | | 食用油 | 适量 |

① 将已去皮洗净的芋头切成菱形块。

② 把洗好的排骨斩成段，装入碗中。

③ 加盐、味精、白糖、料酒、姜末、葱末。

④ 拌匀入味，腌渍10分钟。

⑤ 锅中倒油烧热，入芋头，小火炸约2分钟至熟。

⑥ 捞出芋头，装入盘中备用。

做法演示

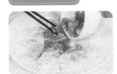

① 将腌好的排骨放入装有芋头的盘中间。

② 香菇置于排骨上。

③ 放入蒸锅。

④ 加盖中火蒸约15分钟至排骨酥软。

⑤ 取出，淋上少许豉油即可。

食物相宜

滋养生津

猪排骨

＋

西洋参

抗衰老

猪排骨

＋

洋葱

小贴士

❂ 将带皮的芋头装进小口袋里（装半袋），用手抓住袋口，将袋子在地上摔几下，再把芋头倒出，芋头皮便可全都脱下。

**养生常识**

★ 芋头性平，味甘、辛，能益脾胃、调中气，可治乏力、瘰疬结核、久痢便血等病症。

★ 芋头特别适合身体虚弱者食用。有痰、过敏体质（荨麻疹、湿疹、哮喘、过敏性鼻炎）者、小儿食滞、胃纳欠佳以及糖尿病患者，应少食；食滞胃痛、肠胃湿热者忌食。

# 青椒香干牛肉

⏱ 4分钟　　✖ 增强免疫力

🌡 辣　　☺ 一般人群

　　新鲜的青椒鲜美无比，能补充维生素C。香干的豆香、牛肉的香嫩和青椒的脆爽完美结合，更是美味的享受。这道菜荤素搭配合理，看似普通，却是百吃不厌。

| 材料 | | 调料 | |
|---|---|---|---|
| 牛肉 | 200克 | 盐 | 2克 |
| 香干 | 150克 | 味精 | 1克 |
| 青椒 | 30克 | 食粉 | 少许 |
| 红椒 | 20克 | 生抽 | 2毫升 |
| 蒜末 | 5克 | 蚝油 | 2毫升 |
| 姜片 | 5克 | 老抽 | 2毫升 |
| 葱白 | 5克 | 料酒 | 5毫升 |
| 葱叶 | 5克 | 水淀粉 | 适量 |
| | | 食用油 | 适量 |

## 食材处理

❶ 将洗好的香干切成片。

❷ 将洗净的青椒切成片。

❸ 将洗净的红椒切成片。

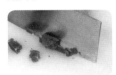

❹ 将洗净的牛肉切成片。

❺ 加食粉、少许生抽、少许盐、少许味精、少许水淀粉拌匀。

❻ 倒入少许食用油腌渍 10 分钟。

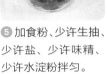

❼ 油锅烧至四成热，倒入香干，滑油片刻捞出。

❽ 倒入牛肉，滑油片刻捞出。

## 做法演示

❶ 锅留底油，入蒜、姜、葱叶、青椒、红椒炒香。

❷ 锅中倒入香干炒匀，倒入牛肉炒匀。

❸ 加剩余盐、味精、生抽、蚝油、老抽、料酒炒入味。

❹ 用剩余水淀粉勾芡。

❺ 将勾芡后的菜炒匀。

❻ 盛入盘内，撒上葱白即可。

## 食物相宜

### 保护胃黏膜

牛肉

土豆

### 补脾健胃

牛肉

洋葱

### 养生常识

★ 牛肉具有补脾胃、益气血、强筋骨等作用。另外，牛脂肪应少食为妙，否则会增加体内胆固醇的含量。

# 油面筋炒牛肉

| | | |
|---|---|---|
| 🕐 3分钟 | ✖ 益气养血 | |
| 🔺 辣 | ☺ 女性 | |

　　油面筋色泽金黄，表面光滑，味香性脆，吃起来鲜美可口，含有很高的维生素与蛋白质，如将油面筋塞肉进瓤后烧煮，则别具风味。这道油面筋炒牛肉别出心裁，一看到它，立刻就会被它的丰富色彩所吸引，不光如此，各种食材将自己独特的香味奉献出来，成就了这样一道绝世的美食。

## 材料

| | |
|---|---|
| 牛肉 | 300 克 |
| 油面筋 | 100 克 |
| 青椒 | 15 克 |
| 红椒 | 15 克 |
| 洋葱 | 20 克 |
| 蒜末 | 5 克 |
| 姜片 | 5 克 |
| 葱白 | 5 克 |

## 调料

| | |
|---|---|
| 盐 | 3 克 |
| 生抽 | 3 毫升 |
| 食粉 | 适量 |
| 味精 | 1 克 |
| 水淀粉 | 适量 |
| 鸡精 | 1 克 |
| 蚝油 | 5 毫升 |
| 老抽 | 3 毫升 |
| 食用油 | 适量 |

1 将洗好的油面筋对半切块。

2 将洗净的洋葱切成片。

3 将青椒洗净切成片。

4 将红椒洗净切成片。

5 将牛肉洗净切片。

6 牛肉片加生抽、食粉、少许盐、味精、水淀粉拌匀。

7 加适量食用油腌渍10分钟。

8 热锅注油，烧至四成热，倒入牛肉。

9 滑油至断生后捞出备用。

## 做法演示

1 锅留底油，加蒜末、姜片、葱白、洋葱、青椒、红椒炒香。

2 倒入少许清水。

3 加剩余盐、剩余味精、鸡精、蚝油和老抽调味。

4 倒入油面筋煮约2分钟至熟。

5 倒入牛肉。

6 加入剩余水淀粉勾芡。

7 翻炒至熟透。

8 盛入盘中。

9 装好盘即可。

## 食物相宜

### 延缓衰老

牛肉

鸡蛋

### 养血补肝

牛肉

枸杞子

# 香菜爆肚丝

| | | | |
|---|---|---|---|
| 🕐 2分钟 | | ✖ 健脾益气 | |
| 🔺 辣 | | ☺ 女性 | |

香菜，又称芫荽。凡是有它在的地方，总能感到那种脱俗的清香。这次香菜选择了牛肚丝，这个搭档没有让人失望，牛肚丝与香菜爆炒后，清淡鲜嫩，鲜咸不腻，具有香菜特有的清香，融合的美在这道菜中得到了最好的诠释。

### 材料

| 熟牛肚 | 200克 |
|---|---|
| 红椒 | 20克 |
| 香菜 | 100克 |
| 姜片 | 5克 |
| 干辣椒 | 3克 |
| 蒜末 | 5克 |

### 调料

| 盐 | 2克 |
|---|---|
| 味精 | 1克 |
| 料酒 | 5毫升 |
| 蚝油 | 5毫升 |
| 辣椒酱 | 适量 |
| 食用油 | 适量 |

❶ 将洗好的香菜切成段。

❷ 将洗净的红椒切丝。

❸ 把牛肚切成丝。

## 做法演示

❶ 热锅注油，倒入姜片、干辣椒和蒜末，爆出香气。

❷ 倒入牛肚，加料酒、蚝油和辣椒酱炒香。

❸ 加盐、味精调味。

❹ 倒入红椒、香菜炒匀。

❺ 淋入熟油拌匀。

❻ 盛出即可。

## 食物相宜

增强免疫力

牛肚

＋

黄芪

补脾胃，强筋骨

牛肚

＋

白萝卜

## 小贴士

✪ 超市或者菜市场的半成品柜出售的牛肚一般都是已经处理过的，没有膻味，而且事先已切成长条状，购回后，直接切就行。

✪ 如果对买回的牛肚不放心，可以用开水烫一遍，或者用醋再清洗一下。

### 养生常识

★ 牛肚性平味甘，含蛋白质、脂肪、钙、磷、铁、硫胺素、维生素B$_2$、烟酸等营养素，具有补益脾胃、补气养血、补虚益精的作用。

★ 牛肚适用于脾气不足、健运失职所致的食欲缺乏、乏力、便溏等症。

# 小炒牛肚

🕐 2分钟　　✖ 增强免疫力
🌡 辣　　　　☺ 男性

　　家常的味道容易让人满足，牛肚那股嚼劲儿和香香的味道是任何食材都难以替代的。牛肚性平味甘，可健脾开胃、益气养血，虽属肉类，但口感不腻。香香辣辣的小炒牛肚，就是一道最好的下酒菜。

| 材料 | | 调料 | |
|---|---|---|---|
| 熟牛肚 | 200克 | 盐 | 3克 |
| 青蒜 | 50克 | 味精 | 1克 |
| 红椒 | 30克 | 鸡精 | 1克 |
| 干辣椒 | 3克 | 料酒 | 5毫升 |
| 姜片 | 5克 | 水淀粉 | 适量 |
| 蒜末 | 5克 | 辣椒酱 | 适量 |
| | | 辣椒油 | 适量 |
| | | 食用油 | 适量 |

## 食材处理

❶ 将洗净的青蒜切成段。

❷ 将洗好的红椒切片。

❸ 将牛肚切片备用。

## 做法演示

❶ 热锅注油，倒入蒜末、姜片和干辣椒爆出香气。

❷ 倒入切好的牛肚。

❸ 加入料酒炒香。

❹ 倒入红椒、青蒜，拌炒均匀。

❺ 加入辣椒酱、辣椒油拌炒匀。

❻ 加盐、味精、鸡精调味，加水淀粉勾芡。

❼ 翻炒片刻至入味。

❽ 出锅装入盘中即可食用。

### 小贴士

✿ 切红椒前用醋洗手，可以减轻与红辣椒接触后产生的皮肤灼热感。

## 食物相宜

### 防癌抗癌

牛肚

金针菇

### 增强免疫力

牛肚

胡萝卜

### 养生常识

★ 红椒适用于脾胃虚寒、食欲不振、泻下稀水、寒湿淤滞、身体困倦、肢体酸痛、感冒风寒等病症。

★ 红椒不宜多食，过食可引起头昏、眼干，口腔、腹部或肛门灼热、疼痛，腹泻，唇生疱疹等。

# 青椒炒牛肚

🕐 4分钟　　✂ 益气健脾
🔥 辣　　　　☺ 女性

　　虽然青椒炒牛肚是一道最普通的家常菜肴，但青椒的清香、牛肚的浓香，在这道小菜里得到了充分的展现。无论是就米饭、拌面条，还是喝小酒，都是很不错的开胃小菜呢！因为红椒的加入，这道菜的味道更富有层次，色彩搭配也更加丰富了。

## 材料

| | |
|---|---|
| 卤牛肚 | 200 克 |
| 青椒 | 35 克 |
| 红椒 | 10 克 |
| 蒜末 | 5 克 |
| 姜片 | 5 克 |

## 调料

| | |
|---|---|
| 盐 | 3 克 |
| 味精 | 2 克 |
| 蚝油 | 5 毫升 |
| 水淀粉 | 适量 |
| 芝麻油 | 适量 |
| 料酒 | 5 毫升 |
| 食用油 | 适量 |

## 食材处理

❶ 将洗净的青椒去籽，切片。

❷ 将洗好的红椒去籽，切成片。

❸ 将处理好的牛肚也切成片，装入盘中备用。

## 做法演示

❶ 锅中注入适量食用油，烧热。

❷ 倒入牛肚翻炒片刻。

❸ 加入蒜末、姜片，淋入料酒炒香。

❹ 倒入青椒、红椒，拌炒均匀。

❺ 加入盐、味精、蚝油调味。

❻ 倒入水淀粉勾芡。

❼ 淋入适量芝麻油拌均匀。

❽ 将火调小，再翻炒片刻至入味。

❾ 出锅装盘即可。

## 小贴士

☺ 青椒要用急火快炒，以免维生素 C 损失过多。

☺ 青椒不宜一次性吃得过多，以免上火。

---

### 养生常识

★ 青椒维生素 C 含量丰富，但是眼疾、胃肠炎、胃溃疡、痔疮患者应少食或忌食。

---

## 食物相宜

### 促进胃肠蠕动

青椒

＋

紫甘蓝

### 利于维生素的吸收

青椒

＋

鸡蛋

### 促进食欲

青椒

＋

茄子

# 萝卜干炒肚丝

⏱ 3分钟　　✂ 开胃消食

🔥 辣　　😊 一般人群

　　晒干的萝卜能储存半年之久，这样一年四季都可以吃到萝卜了。其貌不扬的萝卜干做出来的菜色美味鲜，就像这道萝卜干炒肚丝，虽然是家常普通小菜，但却是最令人食欲大开的好菜，配粥、面、米饭都不错。

## 材料

| 萝卜干 | 200克 |
|---|---|
| 熟牛肚 | 300克 |
| 洋葱丝 | 20克 |
| 红椒丝 | 20克 |
| 姜片 | 5克 |
| 蒜末 | 5克 |
| 葱段 | 5克 |

## 调料

| 盐 | 1克 |
|---|---|
| 味精 | 1克 |
| 鸡精 | 1克 |
| 白糖 | 2克 |
| 老抽 | 1毫升 |
| 生抽 | 1毫升 |
| 料酒 | 3毫升 |
| 水淀粉 | 适量 |
| 食用油 | 适量 |

## 食材处理

❶ 将洗好的萝卜干切段，熟牛肚切丝。

❷ 锅中加水烧开，加食用油，倒入萝卜干。

❸ 煮约2分钟后捞出备用。

## 做法演示

❶ 热锅注油，倒入姜、蒜末、葱段、红椒、洋葱爆香。

❷ 倒入牛肚炒匀。

❸ 加料酒炒香。

❹ 倒入萝卜干炒匀。

❺ 加入盐、味精、鸡精、白糖、老抽、生抽炒匀。

❻ 加入水淀粉勾芡，淋入熟油拌匀。

❼ 翻炒片刻至入味。

❽ 起锅，盛入盘中即可食用。

## 小贴士

✿ 若鼻子堵塞，用小片的洋葱抵住鼻孔，其刺激气味会促使鼻子畅通。

### 养生常识

★ 洋葱性温，味辛、甘，有祛痰、利尿、健胃、解毒、杀虫等作用。洋葱可防治肠炎、虫积腹痛、赤白带下等病症；能刺激胃肠蠕动及消化腺分泌，增进食欲，促进消化。

★ 胃火炽盛者不宜多吃洋葱，吃太多会使胃肠胀气。

## 食物相宜

### 健脾胃

萝卜干

＋

牛肉

### 抗衰老

萝卜干

＋

香菇

### 平肝降压

萝卜干

＋

芹菜

# 莴笋炒羊肉

| | | | |
|---|---|---|---|
| 🕐 4分钟 | | ✖ 益气养血 | |
| △ 咸 | | ☺ 女性 | |

在冬季，做一个简简单单的莴笋炒羊肉，整个屋里都充满了羊肉的香味，这诱人的香气一定会让许多人兴奋不已。莴笋和羊肉都是冬季进补的好食材，吃一口就能给风雨夜归人足够的温暖，以及从胃到心的温暖和满足。

## 材料

| | |
|---|---|
| 莴笋 | 150 克 |
| 羊肉 | 200 克 |
| 红椒 | 20 克 |
| 姜片 | 5 克 |
| 蒜末 | 5 克 |
| 葱段 | 5 克 |

## 调料

| | |
|---|---|
| 蚝油 | 3 毫升 |
| 生抽 | 2 毫升 |
| 料酒 | 5 毫升 |
| 盐 | 2 克 |
| 味精 | 1 克 |
| 水淀粉 | 适量 |
| 食用油 | 适量 |
| 淀粉 | 适量 |

## 食材处理

❶ 将去皮洗净的莴笋切成片。

❷ 将洗净的红椒切开后切成片。

❸ 将洗净后的羊肉切成片。

❹ 羊肉片放入少许生抽、盐、味精拌匀。

❺ 倒入淀粉和食用油抓匀,腌渍10分钟。

❻ 锅中加水烧开,放少许盐、油、莴笋煮约1分钟捞出。

## 做法演示

❶ 热锅注油,烧至四五成热,倒入羊肉。

❷ 滑油片刻后捞出沥干。

❸ 锅底留油,倒入蒜末、姜片、葱段、红椒。

❹ 倒入莴笋炒匀。

❺ 放入羊肉。

❻ 加入蚝油、剩余生抽、料酒、剩余盐、味精翻炒至熟。

❼ 淋上水淀粉和熟油拌匀。

❽ 盛入盘中即可。

### 养生常识

★ 羊肉可补体虚、祛寒冷、温补气血、益肾气、补形衰、助元阳、益精血。

## 食物相宜

### 除烦助眠

莴笋

+

鸡肉

### 促进生长发育

莴笋

+

豆腐

### 增强免疫力

莴笋

+

鸡蛋

# 第4章

## 禽蛋类

　　吃得美味固然重要，但吃得健康才是每个人的终极目标。高蛋白、低脂肪、少油、少盐、荤素搭配……面对如此多的要求，吃货们总能另辟蹊径，开辟出新的战场。禽肉与蛋类是生活中最常见的蛋白质来源，烹饪得当，即可享受细嫩的口感、咸鲜的滋味。

# 泥蒿炒鸡胸肉

| | |
|---|---|
| 🕐 3分钟 | ✖ 开胃消食 |
| △ 鲜 | ☺ 一般人群 |

　　平时可以在冰箱里储存一点鸡胸肉，下班回来只需要 2~3 分钟，就能做出一道既开胃又下饭的爽口小菜，这道泥蒿炒鸡胸肉也是如此。像香菜一样，泥蒿独特的香气无论跟什么搭配都那么和谐。鲜嫩的鸡胸肉瞬间吸收了泥蒿的清香，泥蒿的爽口清脆和鸡肉的鲜香，一定让你吃得过瘾。

| 材料 | | 调料 | |
|---|---|---|---|
| 泥蒿 | 100 克 | 盐 | 3 克 |
| 鸡胸肉 | 200 克 | 味精 | 1 克 |
| 彩椒丝 | 20 克 | 白糖 | 2 克 |
| 红椒丝 | 20 克 | 料酒 | 5 毫升 |
| 葱段 | 5 克 | 食用油 | 适量 |
| 蒜末 | 5 克 | 水淀粉 | 适量 |

## 食材处理

❶ 把洗净的鸡胸肉切成丝。

❷ 将洗净的泥蒿切成段。

❸ 切好的鸡肉丝加少许盐、味精拌匀。

❹ 淋入水淀粉拌匀。

❺ 倒上食用油，腌渍10分钟。

❻ 油锅烧热，倒入鸡丝，滑至断生后捞出。

## 做法演示

❶ 锅底留油，倒入彩椒、红椒、蒜末、葱炒香。

❷ 倒入泥蒿炒匀，加料酒炒匀。

❸ 倒入鸡肉丝翻炒至熟透。

❹ 加剩余盐、味精、白糖调味，翻炒均匀。

❺ 加水淀粉勾芡，翻炒至入味。

❻ 盛出装盘即可。

---

**小贴士**

✿ 泥蒿可以和肉类搭配同炒，也可以辣炒或者凉拌，但最能吃出泥蒿清香的是清炒。

## 食物相宜

### 促进骨骼发育

泥蒿

＋

香干

---

### 消食排毒

泥蒿

＋

蒜

### 养生常识

★ 泥蒿清香、鲜美，脆嫩爽口，营养丰富，具有清凉平肝、预防牙痛、喉痛和便秘等作用。对降血压、降血脂、缓解心血管疾病均有较好的辅助食疗作用。

# 泡豆角炒鸡柳

⏱ 5分钟　　✂ 开胃消食

🌡 咸　　　　😊 一般人群

　　看到这道菜就让人想到五颜六色的春天，整个人立刻变得清爽了。鸡柳嫩滑，泡豆角爽口，虽然二者都是普通的食材，但吃起来却让人从味蕾到肠胃都感到舒服。这道泡豆角炒鸡柳还是下饭的好菜，绝对能让你胃口大开。

| 材料 | | 调料 | |
|---|---|---|---|
| 泡豆角 | 70克 | 盐 | 3克 |
| 鸡胸肉 | 200克 | 味精 | 2克 |
| 青椒 | 15克 | 料酒 | 5毫升 |
| 红椒 | 15克 | 熟油 | 适量 |
| 蒜末 | 5克 | 水淀粉 | 适量 |
| 葱白 | 5克 | 食用油 | 适量 |

❶ 将青椒洗净，切条；红椒洗净，切条。

❷ 将洗净的鸡肉先切片，再改切成条。

❸ 将鸡肉条盛入碗中，加少许盐、味精、水淀粉。

❹ 加少许食用油拌匀，腌渍 10 分钟入味。

❺ 热锅注油，烧至四成热，倒入鸡肉条。

❻ 滑油片刻后捞出鸡肉条备用。

## 做法演示

❶ 锅底留油，加入蒜末、葱白爆香。

❷ 倒入青椒、红椒翻炒。

❸ 放入洗净的泡豆角炒匀。

❹ 倒入滑好油的鸡肉条。

❺ 加料酒，剩余味精、盐翻炒入味。

❻ 加剩余水淀粉勾芡。

❼ 淋入熟油拌匀。

❽ 盛出装盘即可。

## 养生常识

★ 豆角性微温，味甘、淡，化湿而不燥烈，健脾而不滞腻，是脾虚湿盛者的常用之品。

★ 豆角有调和脏腑、益气健脾、消暑化湿和利水消肿的作用，主治脾虚兼湿、食少便溏、湿浊下注、妇女带下过多等病症。

## 食物相宜

### 防治高血压

豆角

+

蒜

### 降糖降压

豆角

+

猪肉

### 补肾健脾

豆角

+

大米

# 香辣孜然鸡

　　孜然的口感风味极为独特，富有油性，气味芳香而浓烈，特别适合与肉类搭配。这道香辣孜然鸡将浓香口味进行到底，无论是孜然，还是辣椒，都与鸡肉的鲜香完美融合，为鸡块增味增色，吃起来根本欲罢不能。

| 材料 | | 调料 | |
|---|---|---|---|
| 卤鸡 | 450克 | 盐 | 3克 |
| 朝天椒末 | 15克 | 味精 | 1克 |
| 姜片 | 5克 | 料酒 | 5毫升 |
| 葱花 | 5克 | 蚝油 | 5毫升 |
| 白芝麻 | 适量 | 辣椒粉 | 适量 |
| | | 孜然粉 | 适量 |
| | | 食用油 | 适量 |

## 食材处理

❶ 将卤鸡斩成块。

❷ 油锅烧至五成热，倒入鸡块炸约 2 分钟至香。

❸ 捞出装盘备用。

## 做法演示

❶ 锅留底油，倒入姜片、朝天椒末煸香。

❷ 倒入炸好的鸡块，翻炒均匀。

❸ 加入盐和味精炒匀。

❹ 淋入料酒、蚝油炒1 分钟至入味。

❺ 撒入辣椒粉和孜然粉。

❻ 快速拌炒均匀。

❼ 撒入葱花炒匀。

❽ 将炒好的孜然鸡盛入盘内，撒上白芝麻即成。

小贴士

☻ 炒朝天椒的时间不应该过长，否则口感会变软。

## 食物相宜

### 生津止渴

鸡肉

＋

人参

### 增强记忆力

鸡肉

＋

金针菇

### 滋补养生

鸡肉

＋

土豆

# 农家双椒鸡

| | | | |
|---|---|---|---|
| 🕐 4分钟 | | 🔪 促进食欲 | |
| 🔺 辣 | | 🙂 一般人群 | |

　　"辣子鸡，辣子鸡，辣子堆里去找鸡"，这句话也可以用来形容这道菜，仿佛再没有什么菜能比双椒鸡更加豪迈，吃得食客汗流浃背，任凭一粒粒鸡肉在嘴里热辣地碰撞，却乐此不疲。待鸡肉在辣椒堆里翻找得干干净净，唯零星一点儿残余，也不忍舍去。这就是美食的魅力，吃起来不能自拔。

| 材料 | | 调料 | |
|---|---|---|---|
| 净鸡肉 | 450克 | 盐 | 3克 |
| 青椒 | 30克 | 味精 | 1克 |
| 红椒 | 10克 | 蚝油 | 5毫升 |
| 荷兰豆 | 10克 | 豆瓣酱 | 适量 |
| 姜片 | 5克 | 料酒 | 5毫升 |
| 葱白 | 5克 | 水淀粉 | 适量 |
| | | 食用油 | 适量 |

## 食材处理

❶ 将净鸡肉斩成块。

❷ 将洗净的青椒和红椒均切成片。

❸ 鸡块加少许盐、料酒和少许水淀粉拌匀腌渍。

❹ 油锅烧至五成热，入鸡块，滑油约2分钟至熟。

❺ 倒入青椒、红椒，滑油片刻后和鸡肉一起捞出。

## 做法演示

❶ 锅留底油，倒入姜片、葱白和洗好的荷兰豆。

❷ 加豆瓣酱炒香。

❸ 拌炒均匀。

❹ 倒入鸡块、青椒和红椒。

❺ 翻炒约2分钟至入味。

❻ 加剩余盐、味精、蚝油炒匀调味。

❼ 加入剩余水淀粉勾芡。

❽ 快速拌炒至入味。

❾ 盛入盘内即成。

## 食物相宜

### 补五脏、益气血

鸡肉

＋

枸杞子

### 增强食欲

鸡肉

＋

柠檬

### 补虚益气

鸡肉

＋

小米

# 酸笋炒鸡胗

⏱ 5分钟　　✗ 开胃消食
🗻 酸　　　　☺ 一般人群

　　纪录片《舌尖上的中国》让酸笋一下子成了很多人追捧的食品，用它来做菜也成了很多人的嗜好，如酸笋鱼、酸笋米粉。用酸笋搭配鸡胗，炒出来的菜香气四溢，鸡胗脆韧、酸笋香辣。酸笋特有的酸味和鸡胗搭配可谓相得益彰，是下饭的不二之选。

| 材料 | | 调料 | |
|------|------|------|------|
| 酸笋 | 200 克 | 料酒 | 5 毫升 |
| 处理好的鸡胗 | 100 克 | 盐 | 3 克 |
| 青椒片 | 20 克 | 味精 | 1 克 |
| 红椒片 | 20 克 | 淀粉 | 适量 |
| 姜片 | 5 克 | 蚝油 | 5 毫升 |
| 蒜末 | 5 克 | 老抽 | 3 毫升 |
| 葱白 | 5 克 | 水淀粉 | 适量 |
| | | 食用油 | 适量 |

❶ 将洗净的酸笋切成片。

❷ 将鸡脧切花刀，再切成片。

❸ 鸡脧加少许料酒、盐、味精拌匀。

❹ 撒上淀粉拌匀，腌渍 10 分钟。

❺ 锅中加清水烧开，倒入酸笋。

❻ 煮沸后捞出。

❼ 倒入鸡脧。

❽ 煮沸后捞出。

## 做法演示

❶ 起油锅，倒入姜片、蒜末、葱白。

❷ 放入鸡脧炒匀。

❸ 加入蚝油、老抽、剩余料酒炒香。

❹ 倒入酸笋翻炒。

❺ 加入青椒、红椒，放入剩余盐、味精炒至入味。

❻ 加水淀粉勾芡。

❼ 淋入熟油拌匀。

❽ 盛入盘中。

❾ 装好盘即可食用。

## 食物相宜

### 促进食欲

酸笋

+

莴笋

### 促进食欲

酸笋

+

鲫鱼

### 促进食欲

酸笋

+

鸡肉

# 萝卜干炒鸡胗

⏱ 5分钟　　✕ 开胃消食
⚖ 咸　　　　☺ 一般人群

　　萝卜干、鸡胗都是很普通的家常食材，但两者结合在一起却有了惊艳的感觉。每年做好萝卜干的时候，迫不及待就地想试着炒来吃，恰好冰箱有鸡胗，两者来个脆爽结合，岂不妙哉？这道菜一定要大火快炒，青椒、红椒是配色之用，不吃辣的可选用不辣的，但有点辣味会更好吃。

| 材料 | | 调料 | |
|---|---|---|---|
| 萝卜干 | 200 克 | 料酒 | 5 毫升 |
| 鸡胗 | 150 克 | 生抽 | 3 毫升 |
| 青椒丁 | 20 克 | 盐 | 3 克 |
| 红椒丁 | 20 克 | 味精 | 1 克 |
| 姜片 | 5 克 | 淀粉 | 适量 |
| 蒜末 | 5 克 | 老抽 | 3 毫升 |
| | | 食用油 | 适量 |

❶ 把处理干净的鸡胗切成丁。

❷ 将洗净的萝卜干切成粒。

❸ 鸡胗用少许料酒、生抽、盐、味精拌匀。

❹ 撒上淀粉拌匀，腌渍至入味。

❺ 锅中注水烧开，放入萝卜干和少许食用油。

❻ 焯煮片刻，捞出沥干备用。

## 做法演示

❶ 起油锅，烧至四成热，倒入姜片、蒜末爆香。

❷ 倒入鸡胗翻炒均匀。

❸ 倒入萝卜干，淋入剩余料酒炒匀。

❹ 放入青椒丁、红椒丁、盐、味精炒至入味。

❺ 加老抽，翻炒至熟。

❻ 出锅装盘即成。

## 小贴士

✿ 好的萝卜干色泽黄亮、条形均匀、肉质厚实、香气浓郁、咸淡适宜、脆嫩爽口、具有新鲜萝卜的自然甜味，吃后回味悠长。

## 食物相宜

### 治小儿脾虚疳积

鸡胗

山药

### 补肾

鸡胗

覆盆子

### 可治遗精

鸡胗

芡实

# 双椒炒鸭肫

⏱ 5分钟    ✖ 开胃消食

⚗ 辣    ☺ 一般人群

最新鲜的食材常能给人带来惊艳的口感，腌好的鸭肫很是入味，吃起来脆嫩鲜香，加上青椒、红椒的增味和增色，香辣可口的双椒炒鸭肫一定能征服你的胃口。在饮食上，很多人信奉"以形补形"，吃什么补什么，吃鸭肫就是补脾胃，脾胃不好的人可以多吃点。

**材料**

| | |
|---|---|
| 鸭肫 | 250 克 |
| 姜片 | 10 克 |
| 青椒 | 20 克 |
| 红椒 | 20 克 |
| 葱段 | 5 克 |

**调料**

| | |
|---|---|
| 料酒 | 5 毫升 |
| 盐 | 3 克 |
| 淀粉 | 适量 |
| 味精 | 2 克 |
| 蚝油 | 5 毫升 |
| 水淀粉 | 适量 |
| 芝麻油 | 适量 |
| 食用油 | 适量 |

## 食材处理

❶ 将鸭胗处理干净，切成片。

❷ 将红椒洗净，斜切段；青椒洗净，斜切段。

❸ 鸭胗加料酒、少许盐、淀粉拌匀，腌渍10分钟。

## 做法演示

❶ 用油起锅，倒入鸭胗爆香。

❷ 加入姜片、葱段炒2～3分钟至熟。

❸ 倒入青椒、红椒段，拌炒至熟。

❹ 加剩余盐、味精、蚝油调味。

❺ 加水淀粉勾芡，淋入芝麻油拌匀。

❻ 装盘即成。

### 小贴士

✪ 如果削掉姜皮，便不能发挥姜的整体作用。一般的鲜姜洗干净后就可以切丝、切片使用。

✪ 吃饭不香或食欲不佳时，吃上几片姜或在菜里放上一点嫩姜，能改善食欲。

---

### 养生常识

★ 姜具有发汗解表、温肺止咳的作用，可用于治疗风寒感冒、恶寒发热、头痛鼻塞、呕吐、咳喘、胀满、泄泻等症状；干姜具有温中散寒、回阳通脉、温肺化饮等功效，常用于脘腹冷痛、呕吐泄泻、肢冷脉微、痰饮喘咳等症的治疗。

★ 需要注意的是，由于姜具有大量姜辣素，为了避免刺激肠胃，不要过多或空腹食用。

## 食物相宜

### 利于维生素的吸收

青椒

＋

土豆

### 促进消化吸收

青椒

＋

肉类

### 开胃

青椒

＋

鳝鱼

# 豆豉青椒鹅肠

🕐 3分钟　　✖ 促进食欲
🔥 辣　　　　☺ 男性

　　豆豉青椒炒鹅肠是一道地道的湖南家乡菜，豆豉的咸香、青椒的清香、鹅肠的脆爽，还没动筷子就已经感受到了浓浓的湖南风情。一盘小菜，伴随着午间的细碎阳光，好不惬意！此外，鹅肠还是火锅中的优质食材，富含蛋白质，十分有营养。

### 材料

| 熟鹅肠 | 200 克 |
|---|---|
| 青椒 | 30 克 |
| 红椒 | 15 克 |
| 豆豉 | 适量 |
| 蒜末 | 5 克 |
| 姜片 | 5 克 |
| 葱白 | 5 克 |

### 调料

| 盐 | 2 克 |
|---|---|
| 味精 | 1 克 |
| 鸡精 | 1 克 |
| 蚝油 | 5 毫升 |
| 辣椒酱 | 适量 |
| 料酒 | 5 毫升 |
| 水淀粉 | 适量 |
| 食用油 | 适量 |

## 食材处理

① 将熟鹅肠切成段。

② 将洗好的红椒切成片。

③ 将青椒洗净切片。

## 做法演示

① 热锅注油，入蒜末、姜片、葱白、豆豉、鹅肠炒匀。

② 加入料酒。

③ 加入青椒、红椒炒香。

④ 倒入辣椒酱炒匀。

⑤ 加少许清水，调入盐、味精、鸡精、蚝油炒匀。

⑥ 加水淀粉勾芡。

⑦ 将勾芡后的菜炒匀。

⑧ 盛入盘内即可。

## 小贴士

❀ 若买回的是冷冻鹅肠，应该连着包装放在冷水里解冻，一定不要用热水或者温水解冻。

---

### 养生常识

★ 鹅肠富含蛋白质、B 族维生素、维生素 C、维生素 A 和钙、铁等营养元素，具有益气补虚、健运脾胃的作用。

## 食物相宜

### 护眼明目

鹅肠

+

芹菜

### 促进食欲

鹅肠

+

酸豆角

### 促进食欲

鹅肠

+

青椒

# 过桥豆腐

⏲ 15分钟　　✖ 增强免疫力

🔥 清淡　　　☺ 一般人群

　　豆腐如河水中的小白石，再有蛋黄如月映小河，这道过桥豆腐美得惊人。豆腐与鸡蛋的完美结合，色香味俱全，色泽清雅，美不胜收。用小勺舀上一勺送入口中，感觉滑嫩鲜甜。成品集色泽、味道与文化内涵于一体，营养丰富又经济实惠。

**材料**

| 鸡蛋 | 4个 |
| 豆腐 | 300克 |
| 猪肉 | 80克 |
| 红椒 | 20克 |
| 葱 | 5克 |

**调料**

| 盐 | 3克 |
| 鸡精 | 1克 |
| 料酒 | 5毫升 |
| 老抽 | 3毫升 |
| 食用油 | 适量 |

① 将葱洗净切葱花。

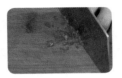

② 将红椒洗净切粒。

③ 将猪肉洗净剁成末。

④ 将 2 个鸡蛋打入碗内。

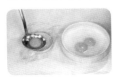

⑤ 蛋黄分别装入垫有保鲜膜的味碟中，淋入少许蛋清。

## 做法演示

① 将 2 个整蛋味碟放入蒸锅。

② 加上盖开慢火蒸 5 分钟至熟，取出备用。

③ 剩余 2 个鸡蛋加少许盐、少许鸡精和少许温水调匀。

④ 倒入盘内。

⑤ 放入蒸锅。

⑥ 加盖开大火蒸 5 分钟至熟，取出。

⑦ 将蒸熟的整蛋取出，摆在水蛋两侧。

⑧ 将豆腐块放入加了少许盐、剩余鸡精的热水锅中焯水备用。

⑨ 将肉末放入热油锅中，加入红椒粒与料酒、老抽、少许盐调成酱料备用。

⑩ 将焯水后的豆腐切块摆在水蛋上。

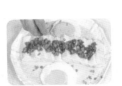

⑪ 再撒上酱料、葱花。

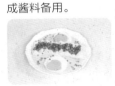

⑫ 装好盘后即成。

## 食物相宜

### 润肺止咳

豆腐

＋

姜

### 补脾健胃

豆腐

＋

西红柿

# 剁椒荷包蛋

🕐 3分钟　　❌ 促进食欲

🔺 辣　　😊 一般人群

　　湖南菜酸辣两相宜，像小炒肉这道经典湘菜一样，剁椒荷包蛋也香辣可口，而且没那么油腻，营养搭配十分合理。鲜香的荷包蛋、惹味的剁椒，一丝一缕都散发着迷人的香气，每吃一口，舌尖却跳跃着欢快的味道。

**材料**

| 鸡蛋 | 2个 |
| --- | --- |
| 剁椒 | 50克 |
| 青椒末 | 20克 |
| 红椒末 | 20克 |

**调料**

| 食用油 | 适量 |
| --- | --- |

## 食材处理

❶ 锅中注入适量食用油烧热，打入鸡蛋。

❷ 煎至两面金黄，制成荷包蛋。

❸ 依次制成多个荷包蛋，再将荷包蛋对半切开。

## 做法演示

❶ 锅底留油，倒入剁椒、青椒末、红椒末炒香。

❷ 加入少许清水炒匀。

❸ 倒入切好的荷包蛋。

❹ 拌炒均匀。

❺ 盛入盘中即可。

小贴士

✪ 将鸡蛋打入锅中后，在蛋黄上滴几滴热水，可使煎出的荷包蛋嫩而光滑。

✪ 煎荷包蛋时，先用小火煎，待底面呈金黄色后，将其翻过来煎另外一面，然后关火用余温将其煎熟便可。

## 食物相宜

增强免疫力

鸡蛋

干贝

清心润肺

鸡蛋

丝瓜

# 咸蛋炒茄子

⏱ 5分钟    ✕ 促进食欲

📊 咸    ☺ 一般人群

　　外焦里嫩的茄子随意地堆放在盘中，咸蛋那一抹提鲜出味的橙黄散落其中，再配翠绿青葱的调剂，便成就了这样一款简单而出彩的美味家宴。这道菜既有茄子的清香，又有咸蛋的醇香，吃着香而不腻，令人回味无穷。

## 材料

| | |
|---|---|
| 茄子 | 200克 |
| 熟咸蛋 | 1个 |
| 青椒 | 15克 |
| 红椒 | 15克 |
| 蒜末 | 5克 |
| 葱白 | 5克 |

## 调料

| | |
|---|---|
| 蚝油 | 3毫升 |
| 料酒 | 5毫升 |
| 盐 | 1克 |
| 味精 | 1克 |
| 白糖 | 2克 |
| 鸡精 | 1克 |
| 老抽 | 1毫升 |
| 辣椒酱 | 适量 |
| 淀粉 | 适量 |
| 食用油 | 适量 |

## 食材处理

❶ 将洗净去皮的茄子切小块，入碗中，撒入淀粉拌匀。

❷ 将青椒、红椒均洗净，切片。

❸ 将咸蛋去除蛋壳，再切成小块。

## 做法演示

❶ 油锅烧至六成热，入茄子炸约 2 分钟至浅黄色。

❷ 用漏勺捞出备用。

❸ 锅底留油，入蒜末、葱白爆香。

❹ 倒入青椒、红椒炒香。

❺ 倒入炸好的茄子。

❻ 加入蚝油。

❼ 淋上料酒。

❽ 加盐、味精、白糖、鸡精、老抽。

❾ 放入辣椒酱翻炒均匀。

❿ 加入咸蛋炒匀。

⓫ 盛入盘中即可。

### 养生常识

★ 咸蛋性凉，味甘、咸，有滋阴、清肺、丰肌、泽肤、除热等作用，是阴虚火旺者的食疗补品。

★ 中医认为，咸鸭蛋清肺火、降虚火的作用比未腌制的鸭蛋更胜一筹。

## 食物相宜

### 顺气通便

茄子

豆角

### 强身健体

茄子

牛肉

### 预防心血管疾病

茄子

羊肉

# 第5章

## 水产海鲜类

湖南依山傍水，庞大的水系为湖南人带来了取之不尽、用之不竭的水产资源。在水产的处理上，人们煎、炒、蒸、烧无所不用其极，更有醇香味美的传统腊鱼压轴出场，接二连三的美味诱惑让你的味蕾瞬间绽放，吃到停不下来。

# 野山椒蒸草鱼

⏱ 12 分钟 　 🍴 促进食欲
🌶 辣 　 😊 一般人群

　　野山椒泡制后具有特殊的酸香味，并且辣味变得醇和。泡野山椒色泽为独特的芥末黄绿，入口辣而酸，辣味在口中回味持久。这道野山椒蒸草鱼更是将美味进行到底，野山椒的酸香成就了草鱼的最高礼遇。成品色彩分明，肉质细嫩，鲜美过瘾，让人停不了口。

| 材料 | | 调料 | |
|---|---|---|---|
| 草鱼 | 300 克 | 盐 | 3 克 |
| 野山椒 | 20 克 | 豉油 | 适量 |
| 红椒丝 | 20 克 | 味精 | 1 克 |
| 姜丝 | 5 克 | 料酒 | 5 毫升 |
| 姜末 | 5 克 | 食用油 | 适量 |
| 蒜末 | 5 克 | | |
| 葱丝 | 5 克 | | |

❶ 将野山椒切碎。

❷ 将切好的野山椒装入盘中，加入姜末、蒜末。

❸ 加入盐、味精、料酒，拌匀。

❹ 将调好的野山椒末放在洗净的草鱼肉上。

❺ 腌渍 10 分钟至入味。

## 做法演示

❶ 将腌好的草鱼放入蒸锅。

❷ 加盖，开大火蒸约 10 分钟至熟透。

❸ 揭盖，取出蒸熟的草鱼。

❹ 撒入姜丝、红椒丝、葱丝。

❺ 锅中倒入少许食用油烧热。

❻ 将热油淋在蒸熟的草鱼上，再浇入豉油即可。

## 食物相宜

### 增强免疫力

草鱼

＋

豆腐

### 清热利尿

草鱼

＋

冬瓜

**小贴士**

☯ 在腌渍前，在草鱼身上划上几刀，更易入味。

☯ 烹调时即使不放味精，鱼肉也很鲜美。

# 豆腐烧鲫鱼

- 🕐 8分钟
- 🔪 鲜
- ❌ 增强免疫力
- 😊 孕产妇

　　简单的烹调也能调和出最浓厚的味道，这道乳白鲜美、蛋白质丰富的豆腐烧鲫鱼，是很多人家庭餐桌上的温暖记忆。这道菜是滋补良品，鲫鱼鲜香，汤色奶白，很多刚生宝宝的妈妈都喝过它，它是民间产后补虚、催乳的"偏方"，也是促食欲、增气力的美味。

## 材料

| 鲫鱼 | 1条 |
| --- | --- |
| 豆腐 | 100克 |
| 姜丝 | 5克 |
| 胡萝卜片 | 3克 |
| 香菜 | 2克 |

## 调料

| 盐 | 3克 |
| --- | --- |
| 鸡精 | 1克 |
| 胡椒粉 | 适量 |
| 料酒 | 5毫升 |
| 食用油 | 适量 |

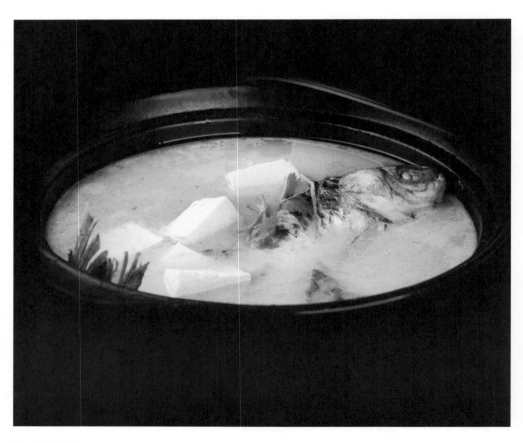

## 食材处理

❶ 鲫鱼宰杀洗净，两面剖上"一"字花刀。

❷ 将豆腐洗净切块装盘。

## 做法演示

❶ 热锅入油，放入鲫鱼，两面煎至金黄，淋入料酒。

❷ 倒入适量清水，放入姜丝，加盖煮沸。

❸ 转到砂锅，加盖，大火烧开后转小火烧煮 2~3 分钟。

❹ 加入豆腐块、胡萝卜片、盐、鸡精、胡椒粉。

❺ 煮约 1 分钟至豆腐熟透。

❻ 关火，端出撒上香菜即成。

## 小贴士

✪ 将鲫鱼去鳞剖腹洗净后，放入盆中，倒入黄酒腌渍，能除去鱼的腥味，并能使鱼味鲜美。

✪ 鲜鲫鱼剖开洗净，在牛奶中泡一会儿既可除腥，又能增加鲜味。

✪ 吃鱼后，口里有味道时，嚼上三五片茶叶，口气立刻变得清新。

## 食物相宜

### 补充钙质

鲫鱼

＋

豆腐

### 润肤抗衰

鲫鱼

＋

黑木耳

### 利尿

鲫鱼

＋

冬瓜

# 红烧刁子鱼

| | | | |
|---|---|---|---|
| 🕐 7分钟 | | ✂ 开胃消食 | |
| 🌡 辣 | | 😊 一般人群 | |

　　将鱼身煎至香酥金黄，再用咸鲜辣汁盖浇一下，做出来的红烧刁子鱼香醇细嫩，鱼肉鲜嫩细软也不乏紧致，像海绵一样吸满了辣酱的味道，香气四溢，让人回味无穷。俗话说"市筵刁子鱼，无刁不成席"，这道菜绝对是湖南、湖北菜馆里的超人气菜品。

## 材料

| | |
|---|---|
| 刁子鱼 | 550 克 |
| 干辣椒段 | 7 克 |
| 姜片 | 15 克 |
| 蒜片 | 10 克 |
| 葱段 | 5 克 |

## 调料

| | |
|---|---|
| 盐 | 3 克 |
| 葱姜酒汁 | 适量 |
| 淀粉 | 适量 |
| 味精 | 1 克 |
| 豆瓣酱 | 适量 |
| 水淀粉 | 适量 |
| 辣椒油 | 适量 |
| 白糖 | 2 克 |
| 蚝油 | 3 毫升 |
| 花椒油 | 适量 |
| 食用油 | 适量 |

❶ 将刁子鱼宰杀处理干净，两面剖上"一"字花刀。

❷ 撒上少许盐、少许味精、葱姜酒汁拌匀，腌渍 10 分钟入味，撒上淀粉裹匀。

## 做法演示

❶ 热锅注油，烧至六成热，放入刁子鱼，中火炸 2 分钟至熟透。

❷ 捞出炸好的刁子鱼装入盘中。

❸ 锅底留油，倒入干辣椒段、姜片、蒜片、葱段煸香。

❹ 加豆瓣酱翻炒出辣味，倒入适量清水搅匀，煮至汤沸。

❺ 放入炸好的鱼，加盖焖烧 2～3 分钟。

❻ 揭盖，用锅勺浇汁在刁子鱼上。

❼ 淋入料酒继续烧煮。

❽ 加剩余盐、味精、白糖、蚝油调味。

❾ 将刁子鱼盛入盘中。

❿ 原汤汁加水淀粉勾薄芡。

⓫ 加辣椒油、花椒油拌匀制成芡汁。

⓬ 将芡汁浇在鱼身上即可。

## 食物相宜

### 防治腹泻

刁子鱼

＋

苹果

### 治疗脚气

刁子鱼

＋

韭菜

# 豉椒武昌鱼

⏱ 8分钟　　✖ 促进食欲

🔥 鲜　　😊 一般人群

　　"才饮长沙水，又食武昌鱼"，这句话足以说明武昌鱼的闻名遐迩。武昌鱼最经典的做法就是清蒸，但用重口味的豆豉和辣椒调制出来的豉椒武昌鱼别具风情。辣椒的诱惑固然不可替代，但豆豉和高汤的香味带动了鱼肉的鲜美，非常入味。

## 材料

| | |
|---|---|
| 武昌鱼 | 550 克 |
| 豆豉 | 25 克 |
| 青椒末 | 15 克 |
| 红椒末 | 15 克 |
| 姜片 | 5 克 |
| 蒜末 | 5 克 |
| 葱白 | 5 克 |
| 葱花 | 5 克 |

## 调料

| | |
|---|---|
| 蚝油 | 3 毫升 |
| 生抽 | 1 毫升 |
| 淀粉 | 适量 |
| 老抽 | 1 毫升 |
| 盐 | 1 克 |
| 味精 | 1 克 |
| 白糖 | 2 克 |
| 料酒 | 5 毫升 |
| 水淀粉 | 适量 |
| 食用油 | 适量 |

**①** 将处理好的武昌鱼抹上少许盐、料酒，腌渍 15 分钟。

**②** 撒上淀粉拍匀。

## 做法演示

**①** 锅中入油，烧至六成热，放入武昌鱼。

**②** 不停地用锅铲浇油，中火炸约 5 分钟至熟透。

**③** 捞出沥油，放入盘中摆好。

**④** 锅留底油，入蒜、姜、青椒、红椒、葱白、豆豉炒香。

**⑤** 淋入剩余料酒炒匀，注入适量清水。

**⑥** 加蚝油、生抽、老抽、剩余盐、味精、白糖。

**⑦** 烧开后倒入水淀粉，搅拌成稠汁。

**⑧** 将稠汁均匀地淋在鱼上。

**⑨** 撒上葱花，摆好盘即成。

## 小贴士

✿ 鱼的表皮有一层黏液，很滑，所以切起来不太容易，若在切鱼时，将手放在盐水中浸泡一会儿，抓鱼时就不易打滑了。

---

### 养生常识

★ 武昌鱼性温，味甘，具有补虚、益脾、养血、祛风、健胃等作用，可以预防贫血、低血糖、高血压和动脉硬化等疾病。

---

## 食物相宜

### 开胃消食

武昌鱼

青椒

### 益气补肾

武昌鱼

枸杞子

### 促进钙的吸收

武昌鱼

香菇

# 醋香武昌鱼

🕐 9分钟　　🍴 促进食欲

🧂 酸　　😊 女性

　　这道菜是孔雀武昌鱼的"翻版"，精致的摆盘第一时间吸引了你所有的注意力，为味觉做足了铺垫。所以当浓浓的味汁融入肉里时，每一口都是视觉和味觉的双重享受。鱼肉肥美细腻、嫩如豆腐的口感，加上清新的醋香，实在是难得的美味。

## 材料

| | |
|---|---|
| 武昌鱼 | 1条 |
| 姜丝 | 10克 |
| 葱丝 | 10克 |
| 圣女果 | 70克 |
| 黄瓜 | 100克 |

## 调料

| | |
|---|---|
| 盐 | 3克 |
| 胡椒粉 | 适量 |
| 陈醋 | 适量 |
| 生抽 | 5毫升 |
| 食用油 | 适量 |

❶ 将处理好的武昌鱼切下鱼头、鱼尾，鱼身切片。

❷ 将鱼头、鱼尾、鱼肉摆盘。

❸ 放上备好的姜丝。

## 做法演示

❶ 将摆好盘的武昌鱼放入蒸锅。

❷ 加盖，大火蒸 7 分钟至熟。

❸ 把洗净的黄瓜切成片。

❹ 将洗好的圣女果去蒂，对半切开。

❺ 揭盖，将蒸好的鱼取出。

❻ 撒上胡椒粉、葱丝，将热油浇在鱼片上。

❼ 将盐、陈醋、生抽倒入锅中，制成味汁。

❽ 将味汁浇在鱼片上。

❾ 用黄瓜片、圣女果装饰即可。

小贴士

✿ 圣女果连皮一起吃最好。如果担心皮上残留农药，用盐搓一搓，然后用清水冲洗干净即可。

### 养生常识

★ 圣女果性微寒，味甘、酸，适用于便结、食肉过多、口渴口臭、胸膈闷热、咽喉肿痛等症。

★ 圣女果可以增强人体的抵抗力，延缓人体衰老，减少皱纹的产生，所以，尤其适合女性食用，是女性天然的美容水果。

## 食物相宜

### 养心安神

武昌鱼

豆腐

### 消食除烦

武昌鱼

白萝卜

### 促进食欲

武昌鱼

酸菜

# 香煎鲳鱼

| | |
|---|---|
| 🕐 6分钟 | ✖ 提神健脑 |
| 🔳 鲜 | ☺ 儿童 |

　　鲳鱼是常见且经济的海鲜之一，经过油煎后，鱼皮变得焦黄酥脆，肉质鲜美，通过简单的酱油调味，既不会失去海鲜原有的味道，也是一道健康美味的佳肴。这样做出来的鱼，甚至可以当作零食吃，拿出来待客也一定不会失了面子。

**材料**

| 鲳鱼 | 300 克 |
|---|---|
| 姜片 | 7 克 |
| 红椒末 | 20 克 |
| 葱条 | 5 克 |
| 葱花 | 5 |

**调料**

| 盐 | 3 克 |
|---|---|
| 生抽 | 5 毫升 |
| 味精 | 2 克 |
| 白糖 | 2 克 |
| 鸡精 | 1 克 |
| 料酒 | 5 毫升 |
| 食用油 | 适量 |

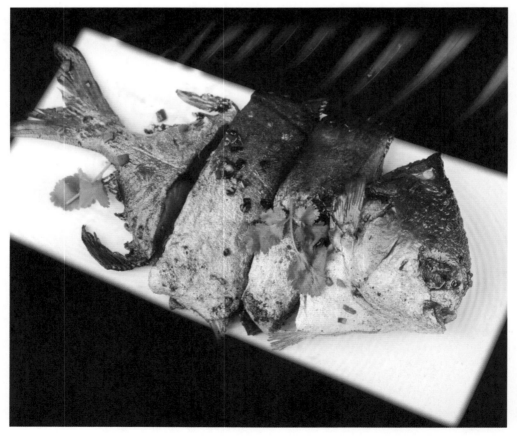

## 食材处理

 ❶ 将切好的鲳鱼块装入碗中，加盐、少许味精、鸡精。

 ❷ 淋入少许生抽、料酒，加入姜片、葱条拌匀。

 ❸ 腌渍15分钟至入味。

## 做法演示

 ❶ 热锅注油，放入腌渍好的鲳鱼。

 ❷ 高油温炸片刻至定形后转小火煎约2分钟至焦黄。

 ❸ 用锅铲翻面，继续煎至另一面着色。

 ❹ 加入剩余味精、生抽、白糖，炒匀。

 ❺ 加盖，焖2～3分钟至熟。

 ❻ 揭盖，撒入红椒末、葱花。

 ❼ 拌炒均匀。

 ❽ 出锅盛盘即可。

## 食物相宜

### 有益补钙

鲳鱼

 +

豆腐

### 防癌抗癌

鲳鱼

 +

黄豆芽

## 小贴士

✪ 新鲜鲳鱼的肉质细嫩鲜美，适合清蒸或盐烤；冷冻鲳鱼的腥味较重，适合油煎，可减少鱼腥味。

## 养生常识

★ 鲳鱼含有丰富的不饱和脂肪酸，有降低胆固醇的作用，对高脂血症的人来说是一种良好的食疗佳品。

★ 鲳鱼含有丰富的微量元素硒和镁，对冠状动脉硬化等心血管疾病有预防作用，并能延缓机体衰老，预防癌症的发生。

# 豆豉鱼片

- 🕐 5分钟
- ❌ 促进食欲
- △ 咸
- 🙂 一般人群

惹味的豆豉和辣椒无论什么时候都是实力派，将鱼片的鲜嫩衬托得恰到好处，成为极下饭的开胃菜。锦上添花很多时候不需要太复杂，就像这里的油菜，鲜嫩的一抹翠绿为整道菜增添了一抹春意，让这道小菜既有豆豉的浓香、辣椒的辣香，还有油菜的清香，嫩滑的鱼片每一口都是美味。

| 材料 | | 调料 | |
|------|------|------|------|
| 草鱼 | 200 克 | 盐 | 3 克 |
| 油菜 | 150 克 | 味精 | 1 克 |
| 豆豉 | 适量 | 白糖 | 2 克 |
| 蒜末 | 5 克 | 蚝油 | 5 毫升 |
| 姜片 | 5 克 | 生抽 | 5 毫升 |
| 彩椒粒 | 20 克 | 淀粉 | 适量 |
| | | 食用油 | 适量 |

❶ 将洗净的油菜对半切开。

❷ 将去骨的草鱼肉切成片。

❸ 草鱼片加少许盐拌匀，撒上淀粉拌匀腌渍 10 分钟。

❹ 沸水锅中入食用油、少许盐，入油菜焯 1 分钟至熟。

❺ 用漏勺捞出备用。

## 做法演示

❶ 油锅烧至五成热，倒入鱼片滑油至熟。

❷ 捞出备用。

❸ 将焯熟的油菜垫在盘中。

❹ 叠放上滑炒熟的鱼片。

❺ 锅留底油，入豆豉、蒜末、姜片、彩椒粒。

❻ 加蚝油、生抽炒匀。

❼ 倒入少许清水煮沸。

❽ 加入剩余盐、味精、白糖调成芡汁。

❾ 将芡汁浇在盘中即可食用。

## 食物相宜

### 养肝明目

草鱼

+

枸杞子

### 温补强身

草鱼

+

鸡蛋

### 养生常识

★ 草鱼肉性味甘、温，肉质肥嫩，味鲜美，富含多种矿物质，有健脾暖胃之作用。

# 湘味腊鱼

🕐 17 分钟　　✂ 促进食欲

🌶 辣　　☺ 一般人群

本来就美味十足的腊鱼，在煎炸后加上泡椒、朝天椒蒸制，透发出的鲜美味道让你垂涎欲滴。焦酥的外皮有着淡淡的熏香，随后就被鲜香取代，趁着满嘴还留着余香，赶快来碗米饭，这是多么美好的享受啊。

| 材料 | | 调料 | |
|---|---|---|---|
| 腊鱼 | 500 克 | 食用油 | 适量 |
| 朝天椒 | 20 克 | | |
| 泡椒 | 20 克 | | |
| 姜丝 | 20 克 | | |

## 食材处理

❶ 将洗净的腊鱼斩成块。

❷ 将朝天椒洗净切圈。

❸ 将泡椒洗净切成碎。

❹ 锅中加清水烧开，倒入腊鱼肉。

❺ 煮沸后捞出。

## 做法演示

❶ 热锅注油，烧至五成热，倒入腊鱼。

❷ 滑油片刻捞出。

❸ 将腊鱼装入盘中，撒上泡椒、朝天椒、姜丝。

❹ 转至蒸锅，加盖，用中火蒸 15 分钟。

❺ 揭盖，取出蒸好的腊鱼。

❻ 淋入少许熟油即成。

## 食物相宜

### 开胃消食

腊鱼

**+**

豆豉

## 养生常识

★ 辣椒内含有辣椒碱及粗纤维，能刺激唾液及胃液分泌、健脾胃、促进食欲、祛除胃寒。

★ 辣椒对预防感冒、动脉硬化、夜盲症和坏血病也有显著作用。

★ 辣椒能祛风散寒、舒筋活络，并有杀虫、止痒的作用。

## 小贴士

❂ 挑选腊鱼时，腊鱼干度是第一要素，返潮的或者有些发软的不要购买；腊鱼最好买块状的，因为整个的腊鱼通常带着鱼头，鱼头制作成腊味儿没有多大食用价值。

# 豉香腊鱼

🕐 32分钟　　✖ 促进食欲

🌡 咸　　　　😊 一般人群

　　湖南人爱吃腊味，腊鱼更是很多人的最爱。熏好的腊鱼，用豆瓣酱蒸、辣椒炒都特别下饭。这道豉香腊鱼用豆豉和干辣椒为主要调料，蒸出来的腊鱼鲜香、脆韧，是餐桌上一道不可多得的下饭菜。

## 材料

| | |
|---|---|
| 腊鱼 | 200 克 |
| 豆豉 | 适量 |
| 葱段 | 5 克 |
| 姜丝 | 5 克 |
| 干辣椒 | 3 克 |
| 葱白 | 3 克 |

## 调料

| | |
|---|---|
| 料酒 | 5 毫升 |
| 生抽 | 3 毫升 |

## 食材处理

❶ 将腊鱼洗净切片。

❷ 装入盘内。

❸ 放入姜丝、葱白。

❹ 放上豆豉、干辣椒。

❺ 淋入料酒、生抽腌渍片刻。

## 做法演示

❶ 将腊鱼放入蒸锅。

❷ 盖上锅盖，用中火蒸 30 分钟至熟软。

❸ 揭盖，取出蒸好的腊鱼，撒上葱段即成。

## 小贴士

✪ 干辣椒含有丰富的维生素。食用辣椒能增加饭量，增强体力，改善怕冷、冻伤、血管性头痛等症状。

✪ 辣椒富含维生素 C，可以预防心脏病及冠状动脉硬化，有助于降低胆固醇。

✪ 辣椒含有较多抗氧化物质，可预防癌症及其他慢性疾病。

### 养生常识

★ 豆豉可解表除烦，用于发热、恶寒头疼、胸中烦闷、恶心欲呕等。

★ 豆豉具有助消化、增强脑力、提高肝脏解毒能力等作用。

★ 豆豉含有大量能溶解血栓的尿激酶，且含大量 B 族维生素和抗生素，可预防阿尔茨海默病。

## 食物相宜

### 开胃消食

腊鱼

豆腐

### 促进食欲

腊鱼

辣椒

### 补中益气

腊鱼

南瓜

# 干锅腊鱼

| | | | |
|---|---|---|---|
| 🕐 | 4分钟 | ✖ | 促进食欲 |
| ⬛ | 咸 | 🙂 | 男性 |

　　同一种食材，换一种做法就能拥有别样的美味体验。腊鱼用来蒸食，带有一种由内而外散发的鲜香，每一口都值得细细品味。用来做干锅，干锅的香辣和腊鱼的清香充分融合，细嚼慢咽也是一种美好享受。

## 材料

| | |
|---|---|
| 腊鱼 | 250 克 |
| 蒜苗梗 | 80 克 |
| 蒜苗叶 | 80 克 |
| 青椒片 | 25 克 |
| 红椒片 | 25 克 |
| 葱结 | 5 克 |
| 姜片 | 5 克 |
| 蒜末 | 5 克 |
| 干辣椒段 | 15 克 |

## 调料

| | |
|---|---|
| 豆瓣酱 | 30 毫升 |
| 料酒 | 5 毫升 |
| 盐 | 3 克 |
| 味精 | 1 克 |
| 水淀粉 | 适量 |
| 食用油 | 适量 |

❶ 锅中倒入清水，放入腊鱼烧开。

❷ 锅中加入葱结和少许姜片，淋入少许料酒。

❸ 加盖煮约 5 分钟至腊鱼变软。

❹ 捞出煮好的腊鱼。

❺ 沥干后装盘备用。

❻ 将煮软的腊鱼斩成小块。

## 做法演示

❶ 锅中倒入适量食用油，放入蒜末、干辣椒段和余下的姜片。

❷ 加入豆瓣酱爆香。

❸ 倒入青椒片、红椒片、蒜苗梗炒匀。

❹ 放入腊鱼块。

❺ 淋上剩余料酒炒匀。

❻ 注入少许清水。

❼ 加盐、味精炒匀，烧煮片刻至入味。

❽ 倒入蒜苗叶。

❾ 倒入水淀粉勾芡。

❿ 淋上少许熟油炒匀。

⓫ 盛入干锅中即成。

## 食物相宜

### 开胃消食

红椒

＋

鱼肉

### 促进食欲

红椒

＋

鹅肠

### 利于维生素吸收

红椒

＋

土豆

# 干豆角炒腊鱼

| | |
|---|---|
| ⏰ 5分钟 | ✖ 促进食欲 |
| 🧂 咸 | ☺ 一般人群 |

　　每次看到腊鱼，总能勾起湖南人对童年春节的回忆。那种腊鱼挂在屋檐下的风景、那种独特的烟熏味道，都只有在春节才能享受得到。腊鱼最经典的做法是蒸，比蒸更有味道的就是炒了，尤其是配上干豆角，被干豆角吸收了部分的油腻后，腊鱼的鲜香显得更为醇厚，肉质也变得软硬适中，无论口感还是味道都堪称一流。

## 材料

| | |
|---|---|
| 腊鱼 | 300 克 |
| 水发豆角干 | 100 克 |
| 青椒片 | 20 克 |
| 红椒片 | 20 克 |
| 姜片 | 5 克 |
| 蒜末 | 5 克 |
| 葱段 | 5 克 |

## 调料

| | |
|---|---|
| 料酒 | 5 毫升 |
| 盐 | 3 克 |
| 白糖 | 2 克 |
| 味精 | 1 克 |
| 老抽 | 3 毫升 |
| 水淀粉 | 适量 |
| 芝麻油 | 适量 |
| 食用油 | 适量 |

## 食材处理

❶ 将洗净的腊鱼斩成小块。

❷ 将洗净的豆角干切成段。

## 做法演示

❶ 锅中倒入适量清水煮沸，放入腊鱼。

❷ 拌煮约1分钟，去除咸味、杂质。

❸ 捞出沥干水备用。

❹ 用油起锅，倒入姜片、蒜末、葱段爆香。

❺ 倒入腊鱼炒匀，倒入料酒炒香。

❻ 倒入豆角干，翻炒一会儿。

❼ 倒入少许清水煮沸。

❽ 加入盐、白糖、味精、老抽调味，煮约1分钟。

❾ 倒入青椒片、红椒片。

❿ 倒入水淀粉炒匀，勾成薄芡汁。

⓫ 淋入少许芝麻油拌匀。

⓬ 盛出装盘即成。

## 食物相宜

### 养心安神

豆角干

**+**

猪肉

### 促进食欲

豆角干

**+**

茄子

## 养生常识

★ 豆角中含有丰富的B族维生素、维生素C和植物蛋白质，能够使人头脑清醒。在夏天，多吃豆角可以有效消暑，并起到健脾解渴、益气生津的作用。

★ 豆角中所含的维生素C也可以提高人体抗病毒的能力，提高人体的免疫力。

# 老干妈鳝鱼片

⏱ 3分钟　　✕ 降低血糖
⊟ 咸　　☺ 糖尿病患者

　　这是一道以鳝鱼为原料的菜肴，具有浓郁的地方风味。在鳝鱼中加入老干妈豆豉酱，味道和口感都得到提升，很能突出鳝肉的爽滑特点。鳝鱼既肥美鲜嫩，又营养美味，无论什么人都能第一时间爱上这种味道。

| 材料 | | 调料 | |
|------|------|------|------|
| 鳝鱼肉 | 200 克 | 盐 | 3 克 |
| 青椒 | 40 克 | 味精 | 1 克 |
| 红椒 | 20 克 | 白糖 | 2 克 |
| 洋葱片 | 30 克 | 水淀粉 | 适量 |
| 蒜末 | 5 克 | 料酒 | 5 毫升 |
| 姜片 | 5 克 | 淀粉 | 适量 |
| 葱白 | 5 克 | 食用油 | 适量 |
| | | 老干妈豆豉酱 | 50 毫升 |

## 食材处理

❶ 将洗净的鳝鱼肉划好花刀后切片。

❷ 将洗净的青椒去籽后切成片。

❸ 将洗净的红椒剔去籽，切成小段。

❹ 鳝鱼肉加入少许盐、少许味精，倒入料酒和淀粉拌匀，腌渍 10 分钟。

❺ 将洋葱片放入加了盐和食用油的沸水锅中焯煮片刻。

❻ 用漏勺捞出，摆盘中备用。

❼ 倒入鱼肉稍烫煮。

❽ 捞出沥干水分。

## 做法演示

❶ 热锅注油，烧至五成热，放入鳝鱼，滑油片刻。

❷ 用漏勺捞出备用。

❸ 锅底留油，倒入蒜末、姜片、葱白、洋葱片炒香。

❹ 倒入红椒、青椒。

❺ 下入滑过油的鳝鱼肉，淋入剩余料酒。

❻ 加入老干妈豆豉酱炒至入味。

❼ 加剩余盐、剩余味精、白糖调味。

❽ 淋入水淀粉炒匀。

❾ 盛入摆好洋葱的盘中即可。

## 食物相宜

**补血养肝**

鳝鱼

**+**

金针菇

**增强免疫力**

鳝鱼

**+**

韭菜

# 香辣小龙虾

⏱ 12分钟　　✂ 促进食欲
🔺 辣　　　　☺ 一般人群

　　一到夏天，可能让我们都会不约而同地想到一种食物——小龙虾。无论是朋友聚餐，还是独自吃宵夜，鲜浓香辣的小龙虾都能让人疯狂得全然不顾形象，吃得满嘴红油，辣得浑身大汗，吮吮手指，却还是觉得没吃够！

### 材料

| | |
|---|---|
| 小龙虾 | 350克 |
| 青椒片 | 20克 |
| 蒜末 | 5克 |
| 姜片 | 5克 |

### 调料

| | |
|---|---|
| 盐 | 3克 |
| 辣椒酱 | 适量 |
| 料酒 | 5毫升 |
| 味精 | 1克 |
| 蚝油 | 5毫升 |
| 水淀粉 | 适量 |
| 芝麻油 | 适量 |
| 食用油 | 适量 |

❶ 把洗净的小龙虾抽去虾肠。

❷ 背部切开一小口。

❸ 锅中倒入适量清水，倒入小龙虾。

❹ 加盖焖煮 2～3 分钟。

❺ 煮熟捞出。

## 做法演示

❶ 锅洗净注油，倒入蒜末、姜片煸香。

❷ 倒入小龙虾翻炒一下。

❸ 倒入辣椒酱、料酒拌炒。

❹ 倒入少许清水煮至沸。

❺ 加入盐、味精、蚝油调味。

❻ 倒入青椒片翻炒。

❼ 用水淀粉勾芡。

❽ 淋入芝麻油拌匀。

❾ 继续翻炒片刻至入味。

❿ 将虾用筷子夹入盘中摆好。

⓫ 将锅中的青椒盛入盘中即成。

## 食物相宜

### 补脾开胃

小龙虾

＋

香菜

### 益气、下乳

小龙虾

＋

葱

### 除烦安神

小龙虾

＋

黄瓜

# 豉椒炒蛏子

🕐 4 分钟　　✖ 保肝护肾
⚖ 辣　　☺ 男性

只要选料绝对鲜活，即便是最简单的大众做法，依然可以创造出令人惊叹的滋味。豉椒炒蛏子就是这样的菜。嫩滑清鲜的蛏子笼罩在豆豉、青椒特有的浓香之中，每一口都能给人足够的惊喜。做菜是一种艺术，将最简单的招式练到极致，也能成为绝招。

| 材料 | | 调料 | |
|---|---|---|---|
| 蛏子 | 300 克 | 料酒 | 5 毫升 |
| 青椒 | 50 克 | 盐 | 3 克 |
| 红椒 | 50 克 | 味精 | 1 克 |
| 豆豉 | 15 克 | 白糖 | 2 克 |
| 姜片 | 20 克 | 蚝油 | 5 毫升 |
| 蒜末 | 15 克 | 水淀粉 | 适量 |
| | | 食用油 | 适量 |

## 食材处理

❶ 将青椒洗净切片。

❷ 将红椒洗净切片。

❸ 锅中加适量清水烧开，倒入蛏子。

❹ 氽至断生捞出。

❺ 放入清水中洗净。

## 做法演示

❶ 用油起锅，倒入姜片、蒜末、豆豉炒香。

❷ 倒入青椒、红椒翻炒片刻。

❸ 倒入蛏子翻炒约 2 分钟至熟透。

❹ 加料酒、盐、味精、白糖、蚝油、清水翻炒至入味。

❺ 加水淀粉勾芡，翻炒均匀。

❻ 盛出装盘即可。

## 食物相宜

防治中暑

蛏子

+

西瓜

治疗产后虚损、少乳

蛏子

+

黄酒

## 小贴士

✪ 购买回的蛏子洗净后，放于含有少量盐分的清水中，待蛏子将腹中的泥沙吐净，即可用来烹饪。

### 养生常识

★ 中医认为，蛏子肉味甘、咸，性寒，有清热解毒、滋阴除烦、补肾利水等功效。

★ 蛏子富含碘和硒，是甲状腺功能亢进症患者、孕妇、老年人良好的保健食品。

★ 蛏子含有锌和锰，常食有益于脑部的营养补充，具有健脑益智的作用。

# 如何调味

调味是一道菜肴加热制熟过程中的关键环节，入味与否、美味与否，则取决于烹饪者的调味技巧与烹饪经验。

## 调味原则

1. 因菜调味。要熟悉各种调料的性质和用量，结合菜肴的口味正确、适量投放。对于滋味较丰富的菜式，要特别留意主料、辅料、调料的主次关系，或酸甜，或香辣，或咸鲜，调料的用量适度至关重要。

2. 因料调味。对于新鲜蔬菜、鱼虾等食材，调味宜淡，应避免过度调味而掩盖其天然鲜味；对于不新鲜或腥膻味较重的食材，可使用糖、醋、料酒、葱、姜、蒜、胡椒粉等来帮助去除异味、去除腥膻、增添鲜味；而对于自身鲜味不足的食材，可适当加量调味来补足鲜味。

3. 因时因地因人调味。不同的时节，人的口味会根据温度、环境发生细微的变化，如寒冷的冬天，人更偏爱甘厚肥浓的菜品，而到了炎热的夏季则更偏爱清淡爽口的菜品；不同地域的人，其口味偏爱也大相径庭，这与当地的气候、物产、人文环境、饮食习惯相关，因此在烹饪调味时要有所侧重，在遵循菜肴基本风味特征的前提下，做到以人为本、因人调味。

4. 选料得当。菜肴的风味特征与选料、配料息息相关，优质的食材、调料是获取最佳风味的钥匙。通常来说，烹制地方风味以选用该地食材、调料优先，如在烹制川菜时，若选用四川当地的食材、辣椒、花椒、盐，口味会更加纯正、地道。

## 何时调味

若要将烹饪调味的过程细分一下，人们可以发现通常有三个关键的调味时间点：一是加热前的调味，二是加热过程中的调味，三是加热后的调味。

1. 加热前的调味。通常是有选择地保留食材的某个基本味，同时注意剔除某些腥膻气味。如使用盐、料酒、酱油等调料或特殊汤汁、作料对一些食材原料加以浸渍、搅拌等，使后者完成初步的入味。

2. 加热中的调味。即是在烹饪过程中，选择适宜的时机参照菜肴的基本调味要求，依个人口味加以调味，这一步将决定菜肴的最终口味，菜肴或酸，或甜，或苦，或辣，或咸等特征也由此开始正式显现。

3. 加热后的调味。通常被看作是一种"辅助调味"，它将对加热后的菜肴某些风味上的不足加以弥补，使其色、香、味的特征更丰富、更均衡，如某些菜品盛盘后会额外撒上花椒盐、芝麻，浇上酱料、汤汁、辣椒油，配以调味的小料等。

# 调料

调料也称佐料，是指被少量加入其他食物中用来改善食物味道的食品。

## 盐

盐是烹饪中最常用的调料，有着"百味之王"的说法，其主要化学成分是氯化钠，味咸，在烹饪中能起到定味、调味、提鲜、解腻、去腥的作用。用豆油、菜籽油炒菜时，应炒过菜后再放盐；用花生油炒菜时，应先放盐，这样可以减少黄曲霉菌；用荤油炒菜时，可先放一半盐，以去除荤油中有机氯农药的残留，炒好后再加入另一半盐；做肉类菜肴时，炒至八成熟时放盐最好。

## 醋

醋是一种发酵的酸味液态调料，以含淀粉类的粮食为主料，谷糠、稻皮等为辅料，经过发酵酿造而成。醋在中式烹调中为主要的调料之一，以酸味为主，且有芳香味，用途较广。它能去腥解腻，增加鲜味和香味，减少维生素 C 在食物加热过程中的流失，还可使烹饪原料中钙质溶解而利于人体吸收。醋有很多品种，除了众所周知的香醋、陈醋外，还有糙米醋、糯米醋、米醋、水果醋、酒精醋等。优质醋酸而微甜，带有香味。

## 糖

糖也是烹饪中使用非常频繁的调料，它会赋予食品甜味、香气、色泽，并能够让食物在很长时间里保持潮润状态与柔嫩的质感，担当"食品胶黏剂"的角色。市面上的糖类调料有白砂糖、绵白糖、红糖、冰糖等。在制作糖醋鲤鱼等菜肴时，应先放糖后加盐，否则食盐的脱水作用会促进蛋白质凝固而使食材难于将糖味吃透，影响其味道。冰糖是砂糖的结晶再制品，性平味甘，有益气、润燥、清热的功效。

## 酱油

酱油是用豆、麦、麸皮酿造的液体调料。色泽红褐色，有独特酱香，滋味鲜美，有助于促进食欲，是中国的传统调料。酱油根据烹饪方法不同，使用方法也不同，通常是在给食物调味或上色时使用。在中式酱料中，加入一定量的酱油，可增加酱料的香味，并使其色泽更加好看。在锅里高温久煮会破坏酱油的营养成分并失去鲜味，因此，烧菜应在即将出锅之前放酱油。

## 豆腐乳

豆腐乳是经二次加工的豆制发酵调味品，分为青方、红方、白方三大类，可以用来烹饪调味或者独立作为佐餐小菜，滋味咸鲜，可以让菜品的口味变得更加丰富而有层次。

## 泡椒

泡椒俗称"鱼辣子"，是一种鲜辣开胃的调料。它是用新鲜的红辣椒泡制而成，由于在泡制过程中产生了乳酸，所以用于烹制菜肴，就会使菜肴具有独特的香气和味道。泡椒具有色泽红亮、辣而不燥、辣中微酸的特点，常用于各种辣味菜品中作为调料，在川菜调味中最为多见。

## 味精

味精是从大豆、小麦、海带及其他含蛋白质物质中提取的，味道鲜美，在烹饪中主要起到提鲜、助香、增味的作用。当受热温度到120℃以上时，味精会变成焦化谷氨酸钠，不仅没有鲜味，还有一定毒性。因此，味精最好在炒好起锅时加入。

## 鸡精

鸡精是近几年使用较广的强力助鲜品，用鸡肉、鸡蛋及麸酸钠精制而成。鸡精的鲜味来自动植物蛋白质分解出的氨基酸，它在烹饪中的价值就是增鲜提味。

## 辣椒

辣椒可使菜肴增加辣味，并使菜肴色彩鲜艳。烹饪中常用的辣椒包括灯笼椒、干辣椒、剁辣椒等。灯笼椒肉质比较厚，味较甜，常剁碎或打成泥，有提味、增香、爽口、去腥的作用。干辣椒一般可不打碎，有增香、增色的作用。剁辣椒可直接加于酱料中食用，颜色鲜艳、味道可口，还有杀菌与去除菜肴腥味的作用。

### 1. 干辣椒

干辣椒是用新鲜辣椒晾晒而成的，外表呈鲜红色或棕红色，有光泽，内有籽。干辣椒气味特殊，辛辣如灼。干辣椒可切节使用，也可磨粉使用，可去腻、去膻味。干辣椒节主要用于糊辣口味的菜肴，川菜调味使用干辣椒的原则是辣而不死，辣而不燥。以油爆炒时需注意火候，不宜炒焦。火锅汤卤锅底中加入干辣椒，能去腥解腻、去除异味、增加香辣味和色泽。

### 2. 辣椒粉

辣椒粉是将红辣椒制干、粉碎后做成的，根据其粒子的大小分成粗辣椒粉、中辣椒粉、细辣椒粉，而根据其辣味程度则分成辣味、微辣味、中味、醇和味。

辣椒粉的使用方法有以下几种

❶ 直接入菜，如宫保鸡丁，用辣椒粉可起到增色的作用。

❷ 制成红油辣椒，作红油、麻辣等口味的调味品，广泛用于冷热菜式，如红油笋片、红油皮扎丝、麻辣鸡、麻辣豆腐等菜肴的调味。

## 食用香料

食用香料是为了提高食品的风味而添加的香味物质，是以天然植物为原料加工而成的。常用的天然香料有八角、花椒、姜、葱、蒜、胡椒、丁香、香叶、桂皮等。

### 葱

葱常用于爆香、去腥，并以其独有的香味提升食物的味道。也可在菜肴做完之后撒在菜上，增加香味。

### 姜

姜性热味辛，含有挥发油、姜辣素，具有特殊的辛辣香味。姜可以去除鱼的腥味，去除猪肉、鸡肉的膻味，并可提高菜肴风味。姜用于红汤、清汤汤卤中，能有效地去腥压臊、提香调味。通常要剁成末或切片、切丝使用，也可以榨汁使用。

### 蒜

蒜味辛，有刺激性气味，含有挥发油及二硫化合物。蒜主要用于调味增香、压腥味及去异味。常切片或切碎之后爆香，可搭配菜色，也能增加菜肴的香味。

### 麻椒

麻椒是花椒的一种，花椒的颜色偏棕红色，而麻椒的颜色稍浅，偏棕黄色，但麻椒的味道要比花椒重很多，特别麻，在烹饪川菜时是一味非常关键的调料。

### 花椒

花椒亦称川椒，性温味辛，麻味浓烈，花椒果皮含辛辣挥发油等，辣味主要来自山椒素。花椒在咸鲜味菜肴中运用比较多，一是用于原料的先期码味、腌渍，起到去腥、去异味的作用；二是在烹调中加入花椒，起避腥、除异、和味的作用。花椒粒炒香后磨成的粉末即为花椒粉，若加入炒黄的盐则成为花椒盐，常用于油炸食物蘸食之用。

### 胡椒

胡椒辛辣中带有芳香，有特殊的辛辣刺激味和强烈的香气，有除腥解膻、解油腻、助消化、增添香味、防腐和抗氧化作用，能增进食欲，可解鱼虾蟹之毒。胡椒分黑胡椒和白胡椒两种。黑胡椒粉因其色黑且辣味强劲而用于肉类烹调，白胡椒则因其色白又醇而多用于鱼类料理。整枝胡椒则多在煮梨汁、高汤、其他汤时使用。

### 陈皮

陈皮亦称"橘皮"，是用成熟了的橘子皮阴干或晒干制成。陈皮呈鲜橙红色、黄棕色或棕褐色，质脆，易折断，以皮薄而大，色红，香气浓郁者为佳。在川菜中，陈皮味型就是以陈皮为主要的调料调制的，是川菜常用的味型之一。陈皮在冷菜中运用广泛，如陈皮兔丁、陈皮牛肉、陈皮鸡等。

## 八角

八角又称八角茴香，香气浓郁，味辛、甜，可以去除腥膻异味、提味增香、促进食欲，常在煮、炖、酱、卤、焖、烧及炸等烹饪中使用，是中餐烹饪中出镜率极高的调料，但因其香气极浓，须酌量使用。

## 桂皮

桂皮带有特殊的香味，可以使菜肴更香，做成粉调味可以去除肉类的膻味；若放入肉桂茶、米糕、韩式糕点里使用时，则可以增强香气与改善色泽。

## 丁香

丁香是丁香科植物的干燥花蕾，味辛辣，香气馥郁，多用于肉食、糕点、腌制食品、炒货、蜜饯、饮料的调味，可矫味增香，是制作五香粉的主要原料之一。

## 豆蔻

豆蔻有肉豆蔻、白豆蔻、草豆蔻、红豆蔻等品种，辛香温燥，是较为常见的辛香料，可以为食

物增香，同时促进食欲。肉豆蔻可解腻增香，是制作肉食、酱卤肉的必备香料之一。白豆蔻可去除异味、增辛香，多用于制作肉类食物。草豆蔻可去除腥膻异味、提味增香，多用于制作肉食和卤菜。红豆蔻可除腻增香，多作为白豆蔻的替代品使用。

## 香叶

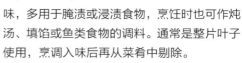

香叶是常绿树甜月桂的叶，味辛凉，气芬芳，略有苦味，多用于腌渍或浸渍食物，烹饪时也可作炖汤、填馅或鱼类食物的调料。通常是整片叶子使用，烹调入味后再从菜肴中剔除。

## 甘草

甘草味甜，气芳香，是我国民间传统的天然甜味剂，可作为砂糖的替代品调味使用，多在煲汤时使用。在市场上选购甘草时以条长匀整、皮细色红、质坚油润的为佳。

## 白芷

白芷气芳香，味辛，微苦，是香料家族当中的重要成员，能去除异味、调味增香，在各种烹饪方式中被广为使用，如煲汤、炖肉、烤肉、腌制泡菜等。烹饪时可单独使用，也可整用、碎用，是制作十三香的重要原料之一。

## 迷迭香

迷迭香的叶带有茶香，味辛辣、微苦，其少量干叶或新鲜叶片常用于食物调料，特别用于羔羊、鸭、鸡、香肠、海味、汤、土豆、番茄、萝卜等搭配，其他蔬菜及饮料，因味甚浓，应在食前取出。迷迭香具有消除胃胀、增强记忆力、提神醒脑、减轻头痛、改善脱发的功能，在酱料中常用来提升酱的香味。

### 五香粉

与陈皮、沙姜、八角、茴香、丁香、小茴香、桂皮、草果、老蔻、砂仁等原料一样，都有各自独特的芳香气，所以，它们都是调制五香味型的调料，多用于烹制动物性原料和豆制品原料的菜肴，如五香牛肉、五香鳝段、五香豆腐干等，四季皆宜，佐酒下饭均可。

### 砂仁

砂仁性温味辛，有着浓烈的辛辣和芳香气味，是中式菜肴的重要调料，也是制作咖喱菜的佐料。多在炖汤、火锅、卤味食物制作中使用。

### 料酒

料酒是以糯米为主要原料酿制而成，具有柔和的酒味和特殊的香气。烧制鱼、羊肉等荤菜时放一些料酒，可以借料酒的蒸发去除腥气。料酒在火锅汤卤中的主要作用是增香、提色、去腥、除异味。

## 酱料及其他

作为烹饪的辅助材料，酱料的作用不容忽视，它既有着调味、增香、增色的作用，又有着嫩滑食材的作用，酱料运用得当往往是烹饪的关键。

### 大酱

大酱也叫黄酱，是以黄豆、面粉为主要原料酿造而成的调料，滋味咸鲜。人们通常以新鲜的蔬菜蘸着大酱佐饭，是北方人餐桌上常见的调料之一。

### 甜面酱

甜面酱，也叫甜酱，是以面粉为主要原料制曲、发酵而成，滋味咸甜可口，酱香浓郁，多在烹饪酱爆和酱烧菜时使用，同时也可蘸生鲜蔬菜或烤鸭时使用。

### 辣椒酱

辣椒酱是红辣椒磨成的酱，又称辣酱，可增添辣味，并增加菜肴色泽。辣椒酱有油制和水制两种。油制辣椒酱是用芝麻油和辣椒制成，颜色鲜红，上面浮着一层芝麻油，容易保存；水制辣椒酱是用水和辣椒制成，颜色鲜红，不易保存。辣椒酱多用于做汤、炒菜、生拌菜、烤、凉拌等，也可以做炒辣椒酱直接食用。

### 豆瓣酱

豆瓣酱是蚕豆、盐、辣椒等原料酿制而成的酱，味道咸、香、辣，颜色红亮，不仅能增加口感香味，还能给菜增添颜色。豆瓣酱油爆之后色泽及味道会更好。以豆瓣酱调味的菜肴，无须加入太多酱油，以免成品过咸。调制海鲜类或肉类等有腥味的酱料时，加入豆瓣酱有压抑腥味的特点，还能突出肉类口味。

## 芝麻酱

芝麻酱是人们非常喜爱的香味调料之一，是用上等芝麻经过筛选、水洗、焙炒、风净、磨酱等工序制成。其富含蛋白质、氨基酸及多种维生素和矿物质，有很高的保健价值。芝麻酱本身较干，通常是调稀后使用。芝麻酱是火锅涮肉时的重要涮料之一，能起到很好的提味作用。做酱时我们也经常会用到芝麻酱，用来调和酱料的味道，通常会用到拌酱中。

## 番茄酱

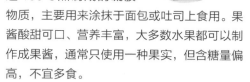

番茄酱是以鲜番茄制成的酱状浓缩制品，具有番茄风味的特征，能帮助菜肴增色、增酸、提鲜，常在烹饪鱼、肉类菜肴时，加入糖醋汁、番茄酱，会让食材的肉质变得格外细嫩。

## 果酱

果酱是长时间保存水果的一种方法，是一种以水果、糖及酸度调节剂以超过100℃熬制成的凝胶物质，主要用来涂抹于面包或吐司上食用。果酱酸甜可口、营养丰富，大多数水果都可以制作成果酱，通常只使用一种果实，但含糖量偏高，不宜多食。

## 醪糟

醪糟是用糯米酿制而成，米粒柔软不烂，酒汁香醇。醪糟甘甜可口、稠而不浑、酽而不黏。醪糟可以生食，也可以作发酵介质或普通特色菜品的调料，如醪糟鱼等；调制火锅汤卤底料加入醪糟，可增加醇香和甜味。

## 淀粉

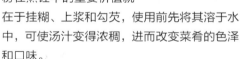

淀粉，也称芡粉，是由甘薯、玉米中提取出来的淀粉物质。淀粉在烹饪中的重要价值就在于挂糊、上浆和勾芡，使用前先将其溶于水中，可使汤汁变得浓稠，进而改变菜肴的色泽和口味。

## 豆豉

豆豉是以大豆、盐、香料为主要原料，经选择、浸渍、蒸煮，用少量面粉拌和，并加米曲霉菌种酿制后，取出风干而成的。具有色泽黑褐、光滑油润、味鲜回甜、香气浓郁、颗粒完整、松散化渣的特点、豆豉的种类较多，按加工原料可分为黑豆豉和黄豆豉，按口味可分为咸豆豉和淡豆豉。豆豉作为家常调料，适合烹饪荤菜时解腥调味。豆豉可以加油、肉蒸后直接佐餐，也可作豆豉鱼、盐煎肉、毛肚火锅等菜肴的调料。烹调上以永川豆豉和潼州豆豉为上品。

## 味噌

味噌是由发酵过的大豆制成，主要为糊状，其以营养丰富、味道独特而风靡日本。味噌的种类繁多，大致上可分为米曲制成的"米味噌"、麦曲制成的"麦味噌"、豆曲制成的"豆味噌"等。味噌的用途相当广泛，可依个人喜好将不同种类的味噌混拌，运用于各式料理中。除了人们最熟悉的味噌汤外，举凡腌渍小菜、凉拌菜的淋酱、火锅汤底、各式烧烤及炖煮料理等都可以用到味噌。

## 咖喱

咖喱的主要成分是姜黄粉、川花椒、八角、胡椒、桂皮、丁香和香菜籽等含有辣味的香料，其能促进唾液和胃液的分泌，增加胃肠蠕动，增进食欲；能促进血液循环，达到发汗的目的。咖喱的种类很多，以国家来分，其源地就有印度、斯里兰卡、泰国、新加坡、马来西亚等；以颜色来分，有红、青、黄、白之别；根据配料细节上的不同来区分种类口味的咖喱有十多种，这些迥异的香料汇集在一起，就构成咖喱各种令人意想不到的浓郁香味。

## 酵母

酵母多被用于制作面食，有新鲜酵母、普通活性干酵母和快发干酵母三种。在烘焙过程中，酵母产生二氧化碳，具有膨大面团的作用。酵母发酵时产生酒精、酸、酯类等物质，也会形成特殊的香味。

## 芥末

芥末是芥菜的成熟种子碾磨成的一种粉状调料，又称芥子末、山葵、辣根、西洋山芋菜。它含有名为"Myrosinase"的酵素调料，将其放入 40℃的温水里搅拌后发酵的话，会散发出独特的香气与辣味，辛辣芳香，对口舌有强烈刺激，味道十分独特。芥末冷菜、荤素原料皆可使用，可用作泡菜、腌渍生肉或拌沙拉时的调料；可与生抽一起使用，充当生鱼片的美味调料；放入盐、糖、醋做成芥末酱，可以用于做芥末丝或茶饮。

## 小苏打粉

小苏打粉也被称为食用碱，色白，易溶于水，在制作面食如馒头、油条时，将小苏打粉溶于水拌入面粉中，使制成品更加蓬松。以适量小苏打粉腌渍肉类，也可使肉质变得滑嫩。

# 调味实用 TIPS

## 怎样煸出葱、姜、蒜的香味

　　要使葱、姜、蒜香味浓郁，一般都取炝锅法，即在原料入锅以前先下切碎了的葱、姜、蒜，炒出香味后再下料进行正式烹调。煸葱、姜、蒜最好的方法是用小火中等油温煸，因为葱、姜、蒜的香味都是在酶的作用下产生的，并通过热度挥发。油温过高，酶会失去活性，油温过低又会使香味挥发受到影响。

## 烹饪用姜有讲究

　　姜分为老姜和嫩姜。老姜质地老而有渣，味较辣，多用于调味；嫩姜质地脆嫩无渣，辣味较轻，多用作菜肴配料。作配料时，通常会把老姜拍松，使姜味易于溢出；嫩姜作配料时，常切成片、丝，嫩姜还可腌、酱、渍、糟、泡制。

## 挂浆配比

　　不论是做滑肉片还是炒肉丝，在用一般常规佐料的情况下，只要是按50克肉、5克水淀粉的比例挂浆，就能使成菜鲜嫩味美。

## 糖醋合用怎样配比最合适

　　在烹调中，糖与醋经常合用，如糖醋排骨、糖醋鱼等，两者怎样配比呢？一般情况下，配比以2：1为宜，即糖2份，醋1份。此外，在糖醋同用时，应注意加少许盐，这样可防止甜酸中和，成为一种酸甜适口的美味。

## 健康用油巧搭配

　　长期食用同一种油并不利于身体健康，应搭配一些高端食用油，如红花籽油、玉米油、野茶油、核桃油等，因为人的大脑细胞和神经系统发育都需要这些含有大量不饱和脂肪酸的食用油。此外，只吃植物油不吃动物油也不利于人体健康。在一定的剂量下，动物油（饱和脂肪酸）对人体是有益的，日常饮食中动物油与植物油的比例应为1：2。

## 放油的最佳时间

　　"热锅凉油"是炒菜的一条诀窍。炒菜时，先把锅烧热，再倒入油，随后放入主料、辅料炒，这样炒出的菜不仅味道鲜美爽口，而且不易粘锅、焦糊。

## 如何使用料酒

　　料酒又称绍酒、黄酒，甘甜味美，除有增香、提鲜、去腻、解腥作用外，还有较好的营养价值，是烹调中不可缺少的调料之一。

　　对一些新鲜度较差的原料如鱼、肉等，应在烹调前加料酒浸拌，这是因为料酒有很强的浸透性，加热后其中的乙醇会逸出，去除原料中的异味，达到除腥、除异味的作用。

　　加热清蒸鱼和烹煮肉类等菜肴时，先加料酒，经加热后可与溶解后的脂肪产生酸化反应，使菜肴溢出浓香，增加菜的复合味和鲜味。

## 烹调中用盐的技巧

1. 烹调前加盐。即在原料加热前加盐，目的是使原料有一个基本咸味。

2. 烹调中加盐。这是最主要的加盐方法，在运用炒、烧、煮、焖、煨、滑等技法烹调时，都要在烹调中加盐。在菜肴快要成熟时加盐，减少盐对菜肴的渗透压，保持菜肴口感嫩松、营养不流失。

3. 烹调后加盐。即加热完成以后加盐，以炸为主烹制的菜肴即可烹调后加盐。

## 做菜加淀粉，营养又美味

烹调蔬菜时，加点菱粉类淀粉，使汤变得稠浓，不仅可使烹调出的蔬菜美味可口，而且由于淀粉含谷胱甘肽，对维生素有保护作用。

## 孜然的妙用

孜然的口感极为独特，富有油性，气味芳香而浓烈，磨成粉末或研碎后，用于烹调牛肉、羊肉等，不仅可以去腥解腻，还能令肉质更加鲜美芳香，增加人的食欲。孜然用于菜肴时，还有防腐杀菌的作用。

## 食用味精的诀窍

用高汤烹制的菜肴不必使用味精，因为高汤本身已具有鲜、香、清的特点，使用味精会将本味掩盖，致使菜肴口味不伦不类。对酸性菜肴，如糖醋、醋熘、醋椒类等，不宜使用味精。

## 使用芥末要注意什么

烹调时可酌量添加芥末，一次不要放太多，以免伤胃。高脂血症、高血压、心脏病患者可适量食用；孕妇、眼疾患者应少食或不食。在芥末中添加些糖或食醋，能缓和辣味，使其风味更佳。当芥末有油脂渗出并变苦时就不宜继续食用。

## 巧用花椒

1. 炸花椒油。用花生油把花椒炸制略黄时拣出，即为花椒油，可用于凉拌，作明油之用。

2. 做麻椒汁。适量的葱白、剁成碎末的葱叶、少许香油、酱油和花椒末放在一块搅和，即成麻椒汁，用来浇在熟肉上，鲜香麻咸，十分可口。

3. 制花椒水。将花椒用纱布包好，加水煮沸，即为花椒水，可用于调肉馅、拌肉丝和烹调时的调味。

4. 炝锅。炒菜时，将几粒花椒放入油锅中，炸制黑中带黄时再下菜肴，这样炒出来的菜风味更佳。

● 凡需要加醋的热菜，在起锅前将醋沿锅边淋入，这样，醋的香味比直接淋在菜肴上更醇香浓郁。

# 刀工技巧

刀工是美食加工、烹饪的重要环节，一个刀工纯熟、经验丰富的烹饪者对即将入锅的食材形状、大小、粗细、薄厚了然于心，能借助切法尽量弥补食材的不足，并将一种或几种食材的优势发挥到极致。

## 基本动作

1. 站案：身体与菜墩保持适当距离，两脚自然分立，重心平稳，全身放松；上身稍前倾，略挺胸，两肩要平，目光注视斜下方的双手位置。

2. 操刀：以自己习惯的右手或左手握刀，拇指和食指夹住刀箍处，其余三指和手掌握住刀柄，刀柄要能握实，又不会影响手腕的灵活度，从而将刀操控自如。

3. 运刀：凝神静气，注意力集中，确保安全第一，左手固定住食材平稳、不移动，看准下刀位置，借助臂力和腕力，两手协调配合，切的动作准确、连贯。

4. 手法：切割动作规范，手法干净、利落，不拖泥带水，切好的材料规整，大小一致，薄厚均匀，切完后放置整齐，工具清洗干净。

## 基础切法

1. 直切：左手按稳食材，右手握刀，刀口垂直向下，左手中指关节抵住刀身，右手借助腕力向下直切，同时左手平稳向后移动，准备切下一刀。这种切法比较适用于有脆性的食材。

2. 推切：刀口垂直向下，右手握刀将重心放于刀刃的后端，切割时借腕力将刀刃向前推送。这种切法比较适用于松软的食材。

3. 拉切：这种切法与推切正相反，刀口垂直向下，右手握刀将重心放于刀刃的前端，切割时借腕力将刀刃向后拉收。这种切法比较适用于有韧性的食材。

4. 锯切：这种切法是推切、拉切的结合体，刀口垂直向下，右手握刀借腕力将刀刃向前推送，再向后拉收，推拉之间将食材慢慢磨切断。这种切法比较适用于将松软的食材切薄片或者比较厚的韧性食材。

5. 铡切：右手握刀柄，左手握住刀背的前端，刀口垂直向下，双手平稳、均匀、迅速地用力压切。这种切法比较适用于带有软骨或体小形圆的食材。

6. 滚切：左手按稳食材留出一个倾斜角度，右手握刀，刀口向下斜度适中，每切一刀后将食材滚动一次。这种切法比较适用于将圆形或椭圆形的脆性蔬菜切成块或者片。

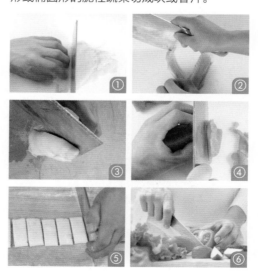

## 基础刀工

1. 切块：切块的规格大小视菜式而定，以宜熟、适口为准，整体上大小均匀即可。如果要切的为圆形或椭圆形的脆性蔬菜，如土豆、茄子等，可以使用滚切法切成滚刀块。

2. 切片：切片是一种最为常见的切割加工方法，也是切丝、切丁的基础，一些长圆形的食材，如黄瓜、火腿，向下直切可以切成圆形的片，倾斜一点儿角度可以切成长圆形的片，而将长圆形的片整齐铺开，即可以切成较长的丝。

3. 切丝：先将食材切成片状，片的薄厚均匀程度决定了丝的粗细均匀程度，将食材片整齐铺开，由一端开始依次直切，即成丝。

4. 切段：将长形的食材可直接切成既定长度的段，或者将长形的食材先纵向切开，如黄瓜，切成条状后再横向截切成长度均匀的段。

5. 切丁：先将食材切成稍厚一点的片，片的薄厚程度决定了丁的大小，然后切成条形，再旋转 90 度横向直切成一粒粒均匀整齐的丁。

## 实用切法

牛肉、羊肉的肉纤维组织较粗，所以在切时要横着肌肉纹路切，这样切好的肉容易入味，也容易咀嚼。烹煮前也可以先用刀背拍打牛肉，破坏其纤维组织，这样可减轻韧度，口感更松软适口。

猪肉肉质较嫩，沿着肌肉纹路横切易碎，顺切易老，所以要顺着肌肉纹路稍稍斜一点儿切，这样切制口感最好。而对于肉质最为细嫩的鸡肉来说，要顺着肌肉纹路切，以免切碎或熟化后成粒屑状。

# 火候与油温

## 火候变化

烹饪技法通常有着约定俗成的火候使用原则，如炒、爆、炸、熘多用大火，而煎、炖、煮、焖则多用中火或小火。但这也不能拘泥形式、不知变通，每种菜肴的烹饪技法与火候运用还是要灵活掌握，积累经验，结合烹饪中的实际情况，才能将火候运用得出神入化。

以炸、炒、爆烹饪的菜肴其食材多小而薄，使用大火可以缩短加热时间，最大限度地保持食材清鲜脆嫩的口感，营养成分也不会流失过多。以煎、烧、烩烹饪的菜肴常用中火，或者是先中火，再转小火；有时也需要将汤汁以大火烧滚后，再转中火或小火收汤。以炖、煮烹饪的菜肴需要长时间的持续加热，故多用小火。即便是鲜有见到的以大火起手的时候，大火加热的时间也通常极短。

根据烹饪食材的质地确定火候，如绵软脆嫩的食材多用大火速成，粗老硬韧的食材多用小火慢成。

根据烹饪食材的形状确定火候，如整形大块的食材受热面小，需小火慢慢加热才易熟透；而单薄细碎的食材受热面大，急火速成即可。

当烹饪前的初步加工使食材的质地、外形发生改变，适用火候也要随时调整，如食材切丝、汆水、过油都要相应缩短烹饪时间。

烹饪菜品所用的食材总量也会影响到火候的使用。通常所用食材的总量越大，所需火候越足，烹饪时间越长。

## 油温掌握

　　油是人们在烹饪食材时最常用的介质，油的沸点要比水高很多，可达 300℃以上，加热后的油可以让食材在高温条件下快速熟化、脱水，菜肴吃起来格外脆嫩鲜香。油温常随着火候、食材投入量的变化而变化，它的高与低非常考验烹饪者的经验与技巧。

## 发烟点

　　当油被加热到一定程度时，油就会生成一定量的烟。因油品种类的不同、生熟的不同，其发烟点也有着显著的差异。通常来说，生豆油的发烟点是 210℃，熟豆油的发烟点是 223℃，花生油的发烟点是 170℃～190℃，而猪油的发烟点是 221℃。

## 油温辨别

1. 冷油温：俗称一二成热时，这时的油面平静，食材、调味品投入锅中也没有任何反应。

3. 中油温：俗称五六成热时，油温达到 130℃～170℃，这时的油面开始波动，油从四周向中间翻动中会有少量青烟出现，气泡较多，并伴有"哗哗"声，将手移至油面上方能感觉到明显的热力，投入食材后会有大量气泡。这种油温适用于干炸、炒、烧等，可脆皮增香、定形而不易碎。

2. 低油温：俗称三四成热时，油温达到 90℃～130℃，这时的油面较平静，没有青烟出现，或有少许气泡在锅底出现，并伴有微弱的"沙沙"声，将手移至油面上方能感觉到微微的热力，投入食材后会有少量气泡。这种油温适用于软炸、滑炒、干熘等，可去除水分、保持口感的鲜嫩。

4. 高油温：俗称七八成热时，油温达到 170℃～230℃，这时的油面继续波动，油从四周向中间翻动中会有大量青烟出现，气泡涌现，并伴有炸裂声，投入食材后会产生大量气泡并噼啪作响。这种油温适用于重油炸、爆等，可脆皮增香、加热熟透。

TIPS：

　　烹饪食材时对油温的掌控是与火候联动，同时与食材条件、投放总量、加热时间综合考虑。通常在大火条件下，食材投放量小，油温可适当调低；而中火条件下，食材投放量小，油温可适当调高；当食材投放量较大时，油温可适当调高。

# 湘味腌菜的做法

为了延长新鲜蔬菜的保存时间，除了冷藏以外，人们常常会借助腌渍的方法。经过腌渍和调味后的腌菜会呈现出种种不同的风味，湖南的腌菜就是其中风味较独特的一个。湖南腌菜的主要原料是各种蔬菜，它不像四川泡菜那样更多地借助香料和花椒，而是以辣椒和姜来帮助调味。这种湿态发酵的腌渍加工方式操作起来简单、方便，咸酸适中，质嫩而脆，风味独特。

湖南人常常选择当地当季出产的最新鲜的蔬菜作为原料，其中较为多见的有辣椒、萝卜、豇豆、黄瓜、莴笋、蒜等。蔬菜的腌渍自然离不开盐和水，它们的品质好坏很大程度上决定了腌菜的味道与口感。湖南人对腌菜用盐和水比较讲究，通常来说，人们更愿意选用矿物质含量较多的井水或泉水来作为腌渍用水，而盐则选用含苦味物质较少的井盐，这样腌渍出来的蔬菜口感会更脆嫩、味道更鲜甜。

在湖南，家家户户都有自制腌菜的风俗传统，其中尤以湘西地区的腌菜最为出名。腌菜改变了湖南人对蔬菜出产季节的依赖，让人们可以跨季节吃到自己最喜欢的蔬菜。同时，腌菜咸酸爽口，作为佐菜也能增进食欲，有助于消化。

● 各种食材所需的腌渍时间也略有不同，例如辣椒需要的腌渍时间略长些才能入味，而萝卜、黄瓜、莴笋的腌渍时间相比起来就短很多。

## 简易腌菜方法

1. 准备好腌菜的坛子和原料，分别冲洗干净、晾干备用。

2. 将腌菜原料切成适当的大小、长短、薄厚，放入坛子内。越小越薄的原料越容易入味，相应所需的腌渍时间就越短。

3. 放入适量盐、凉开水和高度白酒，搅匀，水平面比坛内码好的蔬菜略高一点儿。

4. 盖好坛子盖，坛沿处浇水密封（腌渍期间坛沿处的水不能干），将坛子移至阴凉处，再耐心等待 10 天左右即可食用。

## TIPS:

蔬菜在腌渍过程中，大量的维生素 C 会被破坏，所以，腌菜吃得过多容易引起维生素 C 缺乏症和结石症。另外，众所周知的是腌菜在腌渍过程中会产生亚硝酸盐，这是一种致癌物质，它与腌制过程中的用盐量、温度、腌制时间等有关。一般 4 ~ 8 天后，腌菜中的亚硝酸盐含量接近峰值，而在 15 ~ 20 天后分量开始逐步下降至安全的剂量范围内，所以建议腌菜以腌渍 1 个月后食用为宜。

## 腌菜制作诀窍

1. 腌菜坛子的选择。准备用来腌菜的坛子以土陶质的为佳，选购时应注意坛子完整无裂纹、无砂眼，用手指轻轻敲击坛壁时可以听见清脆的缸音。

玻璃材质的泡菜坛也可以使用，它的好处在于透明、洁净、卫生，在观察腌菜发酵中的变化时非常方便。

2. 原料的选择。腌菜所用的原料以本地当季产的新鲜蔬菜为佳，蔬菜的茎叶鲜嫩、无破损、无虫咬、无烂痕，绿色无污染的农产品更佳。

3. 保持卫生、密封。腌菜的整个制作过程都应保证洁净、卫生。坛子和蔬菜都要仔细冲洗干净，同时晾干表面的水分，切记勿沾到生水和油。封坛时在坛盖边沿处浇水密封，并要注意及时加水以确保密封状态。开坛取食时，可以用干净的筷子适量夹取，切勿过多，没食用完的腌菜不能再倒入坛内，防止坛内腌菜变质。

4. 白酒的妙用。制作腌菜时添加适量高度白酒有助于盐味的渗透，可有效防止坛子中产生白色的霉点，同时让腌菜吃起来口感格外的嫩脆。

5. 如何调味。新缸初次腌制的口味通常不会太酸，加上新盐水腌制的口味偏差，第一次制作腌菜的人不要抱太高期望。可根据个人口味加入辣椒、花椒、八角等调料帮助调味，随着时间的推移和经验的丰富，腌菜自然将渐渐趋于让人满意的风味。调料是腌菜风味形成的关键，包括佐料和香料。佐料有白酒、料酒、甘蔗、醪糟汁、红糖和干红辣椒等。香料在腌菜盐水内起增香、除异去腥的作用，具体有白菌、排草、八角、山柰、草果、花椒、胡椒等。

6. 常腌常新。制作完一次腌菜后，只要做好卫生、密封工作，就还可以继续添加新的蔬菜入坛腌渍，常腌常新，越陈越香。

一般腌菜有四种提味方法：本味，腌什么味就吃什么味，不再进行加工或烹饪；拌食，在保持腌菜本味的基础上，视菜品自身特性或客观需要，再酌加调料拌之，如腌萝卜加红油、花椒末等；烹食，按需要将腌菜经刀工处置后烹食，有素烹、荤烹之别，如泡豇豆，与干红椒、花椒、蒜苗炝炒，还可与肉类合烹；改味，将已制成的腌菜放入另一种味的盐水内，使之具有复合味。

| 调味料类别 | 名称 | 作用 |
| --- | --- | --- |
| 佐料 | 白酒、料酒、醪糟汁 | 帮助渗透盐味、保嫩脆、杀菌 |
| | 甘蔗 | 吸收异味，防止变质 |
| | 红糖、干红辣椒 | 调和诸味、增加鲜味 |
| 香料 | 山柰 | 保持泡菜鲜色 |
| | 胡椒 | 去腥除臭 |

# 健康吃肉秘诀

一种食物的营养价值如何，主要应从它能否促进人体的正常生长发育、维持人体各项生理代谢和体力活动来评价。在我们身边，用餐时"无肉不欢"的人不在少数，然而，肉类的品种很多，它们究竟有哪些营养、怎样吃才更具营养，却常常被人们忽视了。肉类除富含蛋白质、脂肪、多种脂溶性和水溶性维生素外，还含有丰富的微量元素。

肉类主要包括畜肉和禽肉，畜肉常指猪、牛、羊等大牲畜的肌肉、内脏及其制品；禽肉包括鸡、鸭、鹅等家禽和野鸡、野鸭、鹌鹑等野禽的肌肉。肉类颜色越浅营养价值越高，由淡到深依次应是：鱼肉、鸡肉、鸭肉、羊肉、牛肉、猪肉。肉类的营养特点主要表现在以下几个方面：

## 肉类蛋白质含量较高

每100克瘦肉中含蛋白质为 12 ~ 35 克，并且其所含人体必需氨基酸的数量和种类都较接近人体生理的需要，故肉类蛋白质消化吸收率高于植物蛋白质。

## 肉类脂肪含量高于其他食物

一般在肉中脂肪的含量在 10% ~ 30%，尤其是在肥肉中可高达90% 左右，并且大多为饱和脂肪酸。饱和脂肪酸可为人体提供热量，但过量摄入饱和脂肪酸会引起血清胆固醇含量升高，进而诱发一系列疾病。

## 动物肝脏是维生素 A、维生素 $B_2$、烟酸、铁等营养素的丰富来源

如每 100 克鸡肝中维生素 A 含量高达 2867 微克，每 100 克猪肝中维生素 $B_2$ 含量高达 2.08 毫克、铁含量为 22.6 毫克。

## 野生的、家庭放养的牲畜营养更好

不同肉类的蛋白质的含量和质量及钙、铁等矿物质的含量存在较大差异。一般家庭放养的牲畜比集中圈养的营养好，野生的又比家庭放养的营养好。

## 腿部、翅膀营养价值更高

同一动物不同部位的肌肉，其营养成分的比例也不尽相同。一般动物活动范围越大、活动频数越多部位的肌肉，其蛋白质、氨基酸组成比例越接近人体需要的模式，即蛋白质的营养价值越高。由此比较不同部位的蛋白质营养价值，腿部肌肉优于翅膀的肌肉，翅膀的肌肉优于其他部位的肌肉。

瘦肉中含有的脂肪较少，肥肉含有的脂肪较多。

鱼肉中富含优质蛋白质，脂肪含量低且多为不饱和脂肪酸。

● 肉类当中的蛋白质含量高达 10% ~ 20%，是肉类的营养价值所在，而肉类味道鲜美则很大程度是因为其含有较多的脂肪。

# 保住肉类营养，烹调时有秘诀

肉类具有营养丰富和美味的特点，烹调肉类时，保住其营养的秘诀，主要有以下几点：

## 肉块要切得大些

肉类含有可溶于水的含氮物质，炖肉时释出越多，肉汤味道越浓，肉块的香味则会相对减淡，因此炖肉用的肉块要适当切得大些，以减少肉内含氮物质的释出，这样肉味比小块肉鲜美。

## 不要用大火猛煮

一是肉块遇到急剧的高热时，肌纤维会变硬，肉块就不易煮烂；二是肉中的芳香物质会随猛煮时的水汽蒸发掉，使肉的香味减少。

## 炖肉少加水

在炖煮肉类时，要少加水，以使汤汁滋味醇厚。在煮、炖的过程中，肉中的水溶性维生素和矿物质溶于汤汁内，如随汤一起食用，会减少营养损失。

## 肉类焖吃营养最好

肉类食物在烹调过程中，某些营养物质会遭到破坏，不同的烹调方法，其营养损失的程度也有所不同。如蛋白质在炸的过程中损失可达8%～12%，煮和焖则损失较少；B族维生素在炸的过程中损失45%，煮为42%，焖为30%。由此可见，肉类在烹调过程中，焖损失的营养最少。另外，如果把肉剁成肉泥与面粉等做成丸子或肉饼，其营养损失要比直接炸和煮减少一半。

# 肉类食品和蒜一起烹饪更有营养

我们常说，某某和某某好像天生一对，对于食物来说也是如此。比如瘦肉和蒜，民间就有谚语云："吃肉不加蒜，营养减一半。"意思就是说肉类食品和蒜一起烹饪更有营养。

瘦肉含有丰富的维生素 $B_1$，但维生素 $B_1$ 并不稳定，在体内停留的时间较短，可随尿液大量排出。而蒜中含特有的蒜氨酸和蒜酶，二者接触后会产生蒜素，肉中的维生素 $B_1$ 和蒜素结合就会生成稳定的蒜硫胺素，蒜硫胺素能延长维生素 $B_1$ 在人体内的停留时间，提高其在胃肠道的吸收率和人体内的利用率。因此，炒肉时加一点蒜，既可解腥、去异味，又能达到事半功倍的营养效果。

需要注意的是，蒜并不是吃得越多越好，每天吃一瓣生蒜（约5克重）或是两三瓣熟蒜即可，多吃也无益。蒜性温味辛，易生热，过多食用会引起肝阴、肾阴不足，从而出现口干、视力下降等症状。

● 肉类与蒜是绝佳的搭档，但大蒜素遇热会很快失去作用，因此不宜久煮，只可大火快炒，以防止蒜中的有效成分被破坏。